地球表面过程

THE DEVELOPMENT PROCESS OF THE EARTH'S SURFACE

主编 姚健
副主编 王小涵 陈颖慧
顾问（以姓氏拼音为序）
董琳 付勇 贾天依
史艳青 杨克基 张志诚
郑德顺

北京大学出版社
PEKING UNIVERSITY PRESS

图书在版编目(CIP)数据

地球表面过程 / 姚键主编；王小涵，陈颖慧副主编. —— 北京：北京大学出版社，2025.8. —— (中学生地球科学素质培养丛书). —— ISBN 978-7-301-36622-6

Ⅰ. P5-49

中国国家版本馆CIP数据核字第2025WN6706号

书　　　名	地球表面过程 DIQIU BIAOMIAN GUOCHENG
著作责任者	姚　键　主编 王小涵　陈颖慧　副主编
责 任 编 辑	王树通
标 准 书 号	ISBN 978-7-301-36622-6
出 版 发 行	北京大学出版社
地　　　址	北京市海淀区成府路205 号　100871
网　　　址	http://www.pup.cn　　新浪微博：@北京大学出版社
电 子 邮 箱	编辑部 lk2@pup.cn　总编室 zpup@pup.cn
电　　　话	邮购部 010-62752015　发行部 010-62750672　编辑部 010-62764976
印 刷 者	北京宏伟双华印刷有限公司
经 销 者	新华书店 730毫米×980毫米　16开本　17印张　235千字 2025年8月第1版　2025年8月第1次印刷
定　　　价	99.00元

未经许可，不得以任何方式复制或抄袭本书之部分或全部内容。
版权所有，侵权必究
举报电话：010-62752024　电子邮箱：fd@pup.cn
图书如有印装质量问题，请与出版部联系，电话：010-62756370

丛书编委会

主　　编　　金之钧　北京大学
执行主编　　沈　冰　北京大学
　　　　　　李亚琦　中国地震学会
副 主 编　　唐　铭　北京大学
　　　　　　张铭杰　兰州大学
　　　　　　谈树成　云南大学
　　　　　　刘海龙　上海交通大学
　　　　　　薛进庄　北京大学
　　　　　　张志诚　北京大学
　　　　　　郝记华　中国科学技术大学
　　　　　　刘红年　南京大学
　　　　　　代世峰　中国矿业大学（北京）
　　　　　　柳本立　中国科学院西北生态环境资源研究院
　　　　　　郭红峰　中国科学院国家天文台
　　　　　　殷宗军　中国科学院南京地质古生物研究所
编　　委　　邓　辉　北京大学
　　　　　　董　琳　北京大学

贾天依	北京大学
李湘庆	北京大学
宋婉婷	北京大学
王玲华	北京大学
王瑞敏	北京大学
王映霞	北京大学
王永刚	北京大学
闻新宇	北京大学
吴泰然	北京大学
熊文涛	北京大学
岳 汉	北京大学
周继寒	北京大学
朱晗宇	北京大学
陶 霓	长安大学
李春辉	成都理工大学
张 磊	成都理工大学
许德如	东华理工大学
付 勇	贵州大学
王 兵	贵州大学
杨克基	河北地质大学
沈越峰	合肥工业大学
高 迪	河南理工大学
郑德顺	河南理工大学
田振粮	南方科技大学

孙旭光	南京大学
唐朝生	南京大学
王孝磊	南京大学
罗京佳	南京信息工程大学
蔡闻佳	清华大学
林岩銮	清华大学
毛光周	山东科技大学
马　健	上海交通大学
朱　珠	上海交通大学
刘　静	天津大学
高　航	同济大学
封从军	西北大学
蔡阮鸿	厦门大学
沈忠悦	浙江大学
石许华	浙江大学
许建东	中国地震局地质研究所
周永胜	中国地震局地质研究所
赵志丹	中国地质大学（北京）
江海水	中国地质大学（武汉）
罗根明	中国地质大学（武汉）
汪在聪	中国地质大学（武汉）
王伦澈	中国地质大学（武汉）
王　轶	中国地质大学（武汉）
李俊伦	中国科学技术大学

	陆高鹏	中国科学技术大学
	王文忠	中国科学技术大学
	张少兵	中国科学技术大学
	李雄耀	中国科学院地球化学研究所
	何雨旸	中国科学院地质与地球物理研究所
	李金华	中国科学院地质与地球物理研究所
	李秋立	中国科学院地质与地球物理研究所
	赵　亮	中国科学院地质与地球物理研究所
	刘建军	中国科学院国家天文台
	屈原皋	中国科学院深海科学与工程研究所
	郭英海	中国矿业大学（华东）
	史燕青	中国石油大学（北京）
	刘　华	中国石油大学（华东）
	郝永强	中山大学
	朱丽叶	中山大学
秘　书	崔　莹	北京大学
	祁于娜	中国地震学会

丛书序言

地球科学（含行星科学，即地球与行星科学）是研究人类居住的家园——地球的科学，是研究地球物质组成、运动规律和起源演化的一门基础学科，与数学、物理、化学、生物、天文构成了自然科学中的六大基础学科，同时又紧密依靠数学、物理、化学、生物等学科基本原理和方法来认识地球的过去、现在和未来，因此它又是一门交叉学科。地球科学与人类的繁衍生存息息相关。人类社会发展所依赖的能源和矿产资源的探寻，依赖于地球科学对于物质运移和富集规律的研究；解决人类所面临的各种环境问题、气候问题、自然灾害，也需要从地球的运行规律入手来建立科学的防治方案。

进入21世纪的今天，人类社会发展与自然环境的矛盾愈发显著，成为科学界与社会共同关注的焦点。应对气候变化和全球治理，不仅是地球科学家需要关注和解决的科学问题，也成为国家间政治博弈和国力角逐的关键点。我国"双碳"目标的提出，体现了我们作为一个负责任大国的担当，这也为当代地球科学家提出了新要求，他们必须从地球自然碳循环（板块运动、火山爆发、海气作用等）和人为碳循环的耦合作用机理入手，建立更加准确的预测模型，以支撑"双碳"目标的实现和国际合作与博弈。对于深海和深地的探索，不光开拓了人类的未知知识领域，也成为解决人类能源资源与矿产资源问题的一个新的增长点。深空探测则将我们的眼光从地球拓展到广袤的

地球表面过程

宇宙，特别是对于太阳系行星的探测、对地外资源的探测以及寻找并构建第二颗适合人类居住的行星，成为我们深空探测的核心和未来任务。总而言之，地球科学对于人类未来的发展具有重要的意义，因而，对于地球科学人才的培养也是未来发展的重要保障。

从另一个角度来说，提高全民的科学素养是实现中华民族伟大复兴的人才基础；只有全民的科学素养提高了，中华民族才能屹立于世界民族之林。而地球科学则是进行全民科学素养培养的一个重要平台。地球科学提供了诸多人们熟识但又陌生的自然现象，很容易引起人们的兴趣和关注；引导学生主动利用数学、物理、化学、生物等学科基础对这些自然现象进行解释，进而培养学生正确运用科学知识认知世界的能力，这是对现有人才培养过程的有利补充。

中华民族的复兴和未来国家战略计划的开展亟须大量具备科学思维的年轻人，虽然只有很少的一部分最后从事地球与行星科学方面的研究和工作，但地球科学可以提供提高科学素养的土壤。培养国家未来之地球科学拔尖人才则需要从中学（甚至小学）开始进行地球科学的启蒙和素质培养。

地球科学涵盖范围极广，其中包含了7个一级学科（地理学、地质学、地球化学、地球物理学、海洋科学、大气科学、环境科学）。一方面，由于学科发展的历史原因，各学科间尚未形成有效的交叉，这一现象严重阻碍了学科的拓展和人才的培养；另一方面，地球科学与其他基础学科（数学、物理、化学、生物）的结合还有待于进一步加强。基于上述问题，我们组织编写了这套面向中学生的地球科学科普丛书。基于对未来学科发展的预判，服务于国家重大战略需求以及在全民科学素养提升中应起到的作用，本套丛书对地球科学的学科进行整合，围绕地球系统科学、地球圈层与相互作用这一核心，尽可能将现有的学科按照科学问题进行整合，知识体系将不再按照原有的学科体系排布，计划编纂成14册，包括：①《宇宙起源与太阳系形成》；②《地月系统起源与地球圈层分异》；③《地球物质基础》；④《大气圈》；⑤《水圈》；⑥《生物圈》；⑦《地球表面过程》；⑧《生物地球化学循环》；⑨《地球气候与全球变化》；⑩《资源与碳中和》；⑪《自然灾害与环境污染》；⑫《行星科学》；⑬《行星宜居性演化》；⑭《地球与行星探测技术》。丛书的科学逻辑从宇宙、太阳系、地球起源和圈层分异开始（第一、二册），然后依次介绍地球的各个圈层（第三册至第六册）和圈层间的相互作用（第七册至第九册），在此基础上重点关注了资源能源问题（第十册）、灾害与环境问题（第十一册）、地外行星的行星科学（第十二册），再从时间轴的角度介绍了宜居行星的演化历史（第十三册），最后将科学、技术、工程结合介绍地球与行星的探测技术（第十四册）。

作为一套面向中学生的科普读物，本套丛书重点关注地球科学的科学逻辑和知识体系的连贯，同时尽量做到内容扁平化，旨在培养学生的地球系统观和帮助学生建立较为完整的地球科学知识体系。为了引导学生主动利用"数理化生"基本原理来认识自然现象和理解地球科学的关键科学问题，我们将普遍建立地球科学与其他基础学科的连接，并对一些典型的例子进行深度剖析和数值解译，进而建立与更高层次（大学生）人才培养的衔接。

本套丛书由北京大学地球与空间科学学院牵头，中国地震学会深度参与，组织了来自全国30多所高校和科研院所的近百位专家学者构成丛书编委会。丛书编委会通过认真研讨，将地球科学的各个不同分支进行了学科整合和知识框架的整理，并编写了深入细化的科学提纲；在此基础上，委托10余所中学的教师组织编写团队，编写团队依照提纲进行内容的具体编写，各中学编

> 地球表面过程

写团队由涵盖物理、化学、生物、地理方向的至少 5 位老师组成，以期实现跨学科交叉；来自北京大学的博士研究生助理负责编写过程中科学问题的解疑和初稿的审定及修改；丛书编委会专家对书稿进行最终审定、修改并定稿。

希望本套丛书的出版能够对提高全民的科学素养有所裨益，成为爱好地球科学大众的入门读物，更期待有更多的地球科学爱好者学习地球科学知识，认识地球演化规律，共同保护地球——人类赖以生存的共同家园！

中国科学院院士
俄罗斯科学院外籍院士
北京大学地球与空间科学学院博雅讲席教授
2024 年 7 月 5 日于北京大学朗润园

本书作者介绍

姚键

山东省青岛第九中学正高级教师，全国地球科学奥林匹克竞赛"优秀指导教师奖"，地球科学奥林匹克竞赛金牌教练，青岛市地球科学奥林匹克竞赛首席教练员。山东省优秀中学地理教育工作者，济南市学科带头人，主持和参与多项国家级和省级教科研课题。

王小涵

山东省青岛第九中学地球科学奥林匹克竞赛教练，中共党员，毕业于华中师范大学。开设青岛市公开课、名师开放课，曾获青岛市"一师一优课，一课一名师"二等奖，获"全国地球科学奥赛优秀指导教师"称号。累计指导地球科学奥林匹克竞赛学生200余人，指导学生曾获全国金牌。

陈颖慧

山东省青岛第九中学地球科学奥林匹克竞赛教练，多次指导学生荣获金牌、省一等奖，荣获"优秀指导教师奖"，开设青岛市城乡交流课，荣获青岛市"一师一优课，一课一名师"二等奖，在青岛市进行典型经验交流，多次参与青岛市课题。

孟笑笑

东北师范大学硕士研究生，青岛市地球科学奥林匹克竞赛教练。曾获青岛市高中地理命题大赛一等奖、青岛市教学成果一等奖，多次指导学生在地球科学奥林匹克竞赛中获金牌、省一等奖等，获全国地球科学奥林匹克竞赛"优秀指导教师奖"。

安雪丽

北京师范大学硕士研究生，中学一级教师，多次指导学生在地球科学奥林匹克竞赛中荣获金牌、省一等奖等，获全国地球科学奥林匹克竞赛"优秀指导教师奖"。

邢英

山东省青岛第九中学思政课教师，中共党员，多次开设省、市级公开课，曾获山东省"一师一优课，一课一名师"一等奖；在《中学政治教学参考》《思想政治课教学》等全国中文核心期刊发表论文30余篇；山东省高中生辩论赛优秀指导教师，全国青少年模拟政协展示活动优秀指导教师。

内容简介

地球表面过程主要研究地表形态特征、成因及其演化规律。地球表层是由大气圈、生物圈、土壤圈、水圈、岩石圈交汇的异质性地带，是生命活动最为旺盛的热点区域，被称为"地球关键带"，物质循环、能量流动、生物信息传递等过程在这里相互耦合嵌套。无论是长到以十万年、百万年甚至亿年为单位计算的地质运动，还是短到瞬息万变的化学反应，都曾改变或者正在改变这里的一切。正是有了这些永不停歇的反应过程，沧海变成桑田、土壤孕育万物的故事才能一次次上演，人类绵延不息的生存繁衍才成为可能。

Contents

第 1 章 地球表面过程概论
1.1 地球表面过程的研究对象 ………………………………… 2
1.2 地球表面过程的研究内容 ………………………………… 5

第 2 章 地球表层面貌
2.1 地球的地形地貌及自然地理环境分异 …………………… 8
    2.1.1 地球表面的地形地貌 …………………………………… 9
    2.1.2 海洋的地形地貌 ………………………………………… 20
    2.1.3 地球表面自然地理环境分异 …………………………… 28
2.2 地质体及其产状要素 ……………………………………… 35
    2.2.1 面状构造的产状要素 …………………………………… 35
    2.2.2 线状构造的产状要素 …………………………………… 37
    2.2.3 岩层的面向和判断标志 ………………………………… 38
2.3 地质体的时间序列 ………………………………………… 43
2.4 外动力地质作用概述 ……………………………………… 47
    2.4.1 外动力作用的主要类型 ………………………………… 47
    2.4.2 外力作用的结果 ………………………………………… 48

第3章 风化作用

- 3.1 风化作用的类型 53
  - 3.1.1 物理风化 53
  - 3.1.2 化学风化作用 64
- 3.2 风化作用的影响因素 70
  - 3.2.1 岩石的性质（内在因素） 70
  - 3.2.2 主要环境因素（外在因素） 77
- 3.3 风化作用的产物 81
  - 3.3.1 倒石堆 81
  - 3.3.2 残积物 82
  - 3.3.3 风化壳 84
  - 3.3.4 土壤 90

第4章 侵蚀作用

- 4.1 风蚀作用及其产物 96
  - 4.1.1 风蚀作用 97
  - 4.1.2 风蚀地貌 103
- 4.2 流水侵蚀作用及其产物 114
  - 4.2.1 流水侵蚀作用 114
  - 4.2.2 流水侵蚀产物 116
- 4.3 地下水破坏作用与岩溶地貌 124
  - 4.3.1 地下水破坏作用类型 124
  - 4.3.2 岩溶地貌 126
- 4.4 海水侵蚀作用及其产物 130

4.4.1　海水的侵蚀（剥蚀）作用 130
　　　4.4.2　海水的侵蚀地貌 133
　4.5　冰川破坏作用及其产物 139
　　　4.5.1　冰川的侵蚀作用 139
　　　4.5.2　冰川侵蚀地貌 140

第5章　搬运作用

　5.1　风的搬运作用及其产物 144
　　　5.1.1　风的搬运作用 144
　　　5.1.2　风的搬运方式 146
　　　5.1.3　风的搬运作用产物 148
　5.2　流水搬运作用及其产物 152
　　　5.2.1　流水搬运作用 153
　　　5.2.2　流水搬运作用产物 154
　5.3　冰川搬运作用及其产物 154
　　　5.3.1　冰川搬运作用 154
　　　5.3.2　冰川搬运作用产物 155

第6章　沉积作用

　6.1　风成堆积与风积地貌 158
　　　6.1.1　风成堆积 158
　　　6.1.2　风积地貌 161
　6.2　流水沉积作用及其产物 177
　　　6.2.1　流水沉积作用 177

        6.2.2 流水沉积地貌 177
    6.3 地下水的沉积作用与岩溶地貌 187
        6.3.1 地下水沉积作用类型 187
        6.3.2 岩溶地貌 188
    6.4 湖泊、沼泽的沉积作用 191
        6.4.1 湖泊的类型 191
        6.4.2 湖泊的沉积作用 192
        6.4.3 沼泽及其形成 197
        6.4.4 沼泽的沉积作用 200
    6.5 海洋的沉积作用及其产物 203
        6.5.1 滨海沉积 203
        6.5.2 陆架浅海沉积 212
        6.5.3 深海沉积 215
    6.6 冰川堆积作用及其产物 219
        6.6.1 冰川的堆积作用 219
        6.6.2 冰川堆积地貌 220
        6.6.3 冰水堆积地貌 221
        6.6.4 地质历史上的冰川作用 223
    6.7 沉积环境与成岩作用 225
        6.7.1 沉积相及其沉积环境 225
        6.7.2 沉积构造及其沉积环境 237
        6.7.3 成岩作用 248

第 1 章

地球表面过程概论

地球表面过程

1.1 地球表面过程的研究对象
The research object of the Earth's surface processes

你知道地球表面形态有哪些类型吗？你了解地球表面形态是如何形成和演变的吗？气候是如何影响风化作用的？不同区域水体的运动会塑造什么样的地貌？不同环境形成的沉积岩有何区别？不同颜色的岩层又预示着地质历史时期怎样的环境条件呢？本书将对这些问题加以论述。

我们生活的近地表层是五大圈层（大气圈、生物圈、土壤圈、水圈和岩石圈）交汇融通的区域：物质循环、能量流动、生物信息传递等过程在这里相互耦合嵌套。无论是长到以十万年、百万年甚至亿年为单位计算的地质运动，还是短到瞬息万变的化学反应，都曾改变或者正在改变这里的一切。正是有了这些似乎永不停歇的反应过程，沧海变成桑田、土壤孕育万物的故事才能一次次上演，人类绵延不息的生存繁衍才成为可能。

大气圈(atmosphere)，是因重力关系而围绕着地球的一层混合气体，是地球最外部的气体圈层，包围着海洋和陆地。大气圈没有确切的上界，在离地表 2000 ~ 16 000 km 高空仍有稀薄的气体和基本粒子；在地下，土壤和某些岩石中也会有少量气体。它们也可认为是大气圈的一个组成部分。根据大气温度垂直分布和运动特征，在对流层之上还可分为平流层、中间层、热层等。除此之外，还有两个特殊的层，即臭氧层和电离层。

水圈(hydrosphere)，指地壳表层、表面和围绕地球的大气层中存在着的各种形态的水，包括液态、气态和固态的水。按照水体存在的方式可以将水圈划分为海洋、河流、地下水、冰川、湖泊等5种主要类型。在水圈中，固态水在地球的气候与环境演化中起着独特作用，因而有时被单列出，称为冰雪圈(cryosphere)。

生物圈(biosphere)，指地球上凡是出现并感受到生命活动影响的地区，是地表有机体包括微生物及其自下而上的环境的总称，是地球特有的圈层。一般认为生物圈是从35亿年前生命起源后演化而来。其范围大约为海平面上下垂直10 km，它包括地球上有生命存在和由生命过程变化而转变的空气、陆地、岩石圈和水。

土壤圈(pedosphere)，是岩石圈最外面一层疏松的部分，其上面或里面有生物栖息，是与人类关系最密切的一种环境要素。土壤圈的平均厚度为5 m，面积约为1.3×10^8 km²。土壤圈位于大气圈、水圈、岩石圈和生物圈的交换地带，是大气圈、水圈、生物圈、岩石圈相互作用的产物，连接着无机界和有机界。

岩石圈(lithosphere)，指地球最外层平均厚度约100 km的带有弹性的坚硬岩石，由地壳和上地幔顶部组成。

地球表面过程主要研究地表形态特征、成因及其演化规律。地球表层是大气圈、生物圈、土壤圈、水圈、岩石圈交汇的异质性地带，是生命活动最为旺盛的热点区域，被称为"地球关键带"（图1-1）。构成地球的各个圈层是彼此独立又相互依存、相互联系、相互影响的系统。在水平方向上，可以被森林、农地、荒漠、河流、湖泊、海岸带与浅海环境所覆盖。地球关键带研究是21世纪重点科学研究领域。

地球表面过程

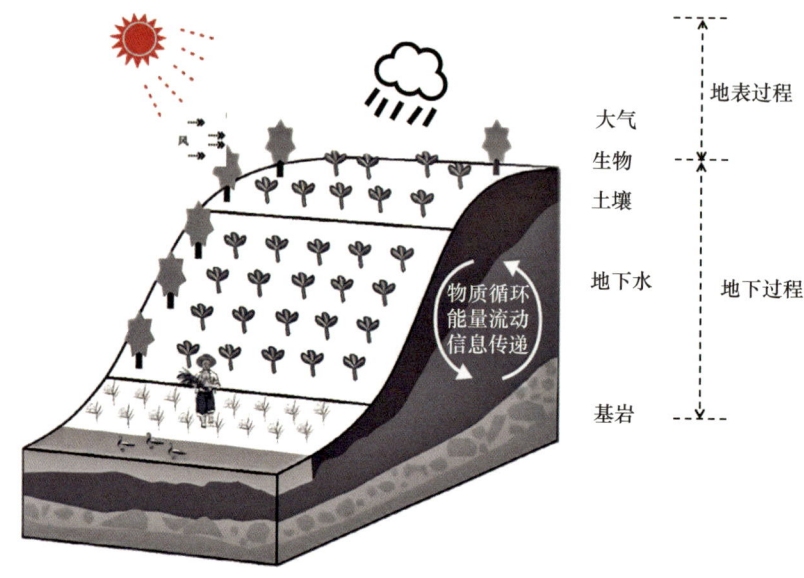

图 1-1 地球关键带结构示意

地球表面形态规模大小不等，特征也不相同。最大规模的地表形态是陆地和海洋，陆地上有横贯欧亚大陆的高大山脉，也有长度不足 1 km 的小沙丘。这些规模、形态不同的地表结构，成因也不相同，有的是流水侵蚀而成，有的是风力堆积而成。降水量丰富的地方，流水作用较强，故河流地貌发达；石灰岩分布的湿热地区，受溶蚀作用形成沟壑纵横的喀斯特地貌；干旱的地方，风的侵蚀和堆积作用强烈，形成风蚀地貌和沙丘；在高寒地区，冰川作用成为主要外营力，形成冰川地貌。本书介绍的地表形态多是流水、波浪、冰川和风等地球外营力作用的产物。

地球表面形态是地球演化的结果，处于不断地发展变化之中。地表形态的发展变化受外营力地质作用、内营力地质作用和时间的共同影响。以河流地貌为例，地壳抬升，河流下切，为河谷发育的幼年期，河谷横剖面多呈"V"

形；随后河谷拓宽，河流纵剖面趋于平缓，下切侵蚀作用减弱，侧蚀作用增强，称为河流地貌发育的壮年期；再进一步发展，河流的下切侵蚀作用基本趋于停止，侧蚀和堆积作用增强，称为河流地貌发育的老年期。地表形态发育的不同阶段，地表的特征是不同的，我们可以根据现在的地表形态，去恢复其演变过程并预测其未来发展方向。

1.2 地球表面过程的研究内容
Research content on surface processes of the Earth

地球表面形态的形成过程主要受外营力地质作用的影响，研究内容主要包括：

① 地球表面形态的类型. 包括陆地地形地貌和海洋地形地貌。陆地地形地貌包括风化地貌、河流地貌、岩溶地貌、海岸地貌、冰川地貌和风成地貌；海洋地形地貌包括大陆架、大陆坡、大陆坡脚、海沟、岛弧、弧后盆地、深海平原、大洋中脊、海岸山等。其中海洋地形地貌多和内力作用有关，将在其他分册介绍。

② 地球表面形态的形成和演化过程：包括风化作用、侵蚀作用、搬运作用和堆积作用，外营力有流水、风、冰川、地下水、湖泊、海浪等。

地球表面过程的研究依旧采用地质学传统的"将今论古"研究方法，即用现在的地质作用和地质过程去推测过去，如河流携带泥沙在湖泊

地球表面过程

或海洋中沉积,过去和现在形成的岩石特点类似。同时要注意"以古论今",认识过去能够帮我们很好地认识现在并预测未来,如地表沉积物中留有气候冷暖变化的记录,研究这些沉积记录可以帮我们预测未来气候变化。

第 2 章

地球表层面貌

地球表面过程

地球是人类赖以生存的家园，人类活动主要集中在地球表面。地球表面可分为海洋和陆地两大部分，在 $5.1×10^8$ km² 的地球表面积中，陆地面积约为 $1.49×10^8$ km²，约占 29%，大陆是陆地的主体，岛屿是陆地的组成部分；海洋面积约为 $3.61×10^8$ km²，约占 71%，连续的广阔水体称为大洋，是海洋的主体。地表的海陆分布十分不均匀，约有 2/3 的陆地分布于北半球，南半球陆地只占南半球总面积的 19.1%。

地球的自然表面是一个高低起伏不平、十分不规则的面，在这片广袤的土地上，形成了千奇百怪的石、山、河、湖、海。本章，我们将介绍地球表面的组成现状，带领大家认识地貌形成的原因及类型。

2.1 地球的地形地貌及自然地理环境分异
The differentiation of terrain, landforms, and natural geographical environments on Earth

我们所生活的自然区域是一个由多种自然地理要素组成的有机整体，这些自然地理要素构成不同的"圈层"，外部圈层主要包括大气圈、水圈和生物圈，除此以外岩石圈也与人类生活密切相关。这些圈层作为自然地理环境的一部分，与其他圈层相互联系和相互作用，每一个圈层的发展变化，都受到其他圈层的影响和制约。

岩石圈包括地壳和上地幔的顶部（软流层以上）两个部分，由坚硬的岩石组成，平均厚度为 100~110 km，人类活动主要集中在岩石圈的顶部。岩石圈裸露在地表，经过一系列的内力和外力作用，最终就会形成不规则的表面。不规则的岩石圈形成了地球的地形地貌,岩石圈与其他圈层相互作用最终形成不同的自然地理环境。

2.1.1 地球表面的地形地貌

2.1.1.1 地貌的成因

地貌或称地形,指地球岩石表面由内外力共同作用而形成的高低起伏的外部形态。塑造地貌的动力称为营力,营力可分为内营力和外营力,也可称内动力和外动力。前者指由地球内能所产生的作用力,主要表现为地壳运动、岩浆活动、变质作用与地震;后者指由太阳辐射引起的风、水、生物等作用,主要表现为风化、侵蚀、搬运、沉积等形式。

地貌的形成是内外力共同作用的结果。构造运动形成宏观地形,产生平原、丘陵、山地、高原、盆地等大范围地形;气候因素及其形成的一系列外力作用会进一步塑造区域地貌,岩性可能导致某些特殊地貌的发育,例如,喀斯特地貌;生物作用可影响地貌发育;人类活动可改变地貌发育条件或直接改造地表形态。

(1)构造运动与宏观地形

构造运动(tectogenesis)系指内动力引起岩石圈的岩石变形、变位的机械运动,又称为地壳运动(crustal movement)。构造运动形成各种地质构造,促进岩浆活动与变质作用。构造运动可分为水平运动和垂直运动两种基本方式。

水平运动是地壳或岩石块体沿着大地水准面切线的方向运动,相邻块体

地球表面过程

相互分离、相向汇聚或相错平移。若岩石水平方向相互挤压，则可能产生褶皱，在挤压力作用下地壳隆起，形成巨大的褶皱山系，例如，喜马拉雅山脉、科迪勒拉山系、阿尔卑斯山脉等，因此水平运动也称为"造山运动"。若岩石水平方向上相互分离，则可能产生大的断裂带，陆地上可形成地堑或裂谷等，例如，东非大裂谷；海洋内则形成大洋中脊。若岩石相错平移，则可能形成断裂构造，发育断层。

垂直运动即岩石的上升和下降运动，常表现为大规模的缓慢上升或下降，形成规模不等的隆起或拗陷，并引起海侵、海退，导致海陆的变化，因此也称为"造陆运动"。当地壳下降，海水向大陆方向不断侵入，粒度细的沉积物覆盖在粒度粗的沉积物之上，新岩层分布面积大于老岩层，这种现象称为超覆，通常把具有这种特征的地层称为海侵层位。当地壳上升，海水向海洋退缩，粒度粗的沉积物覆盖在粒度细的沉积物之上，新岩层分布面积小于老岩层，这种现象称为退覆，通常把具有这种特征的地层称为海退层位，如图2-1所示。

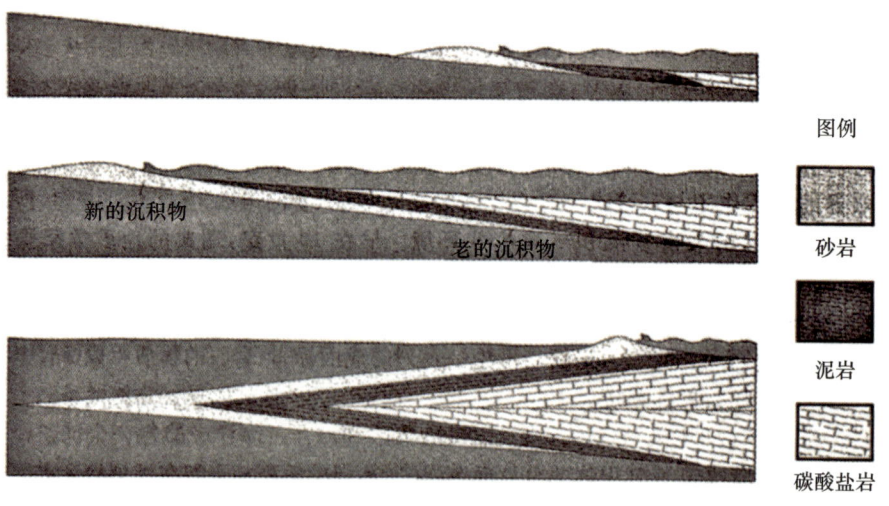

图2-1 一个海侵-海退沉积系列

水平运动和垂直运动总是同时出现、共同作用，只不过在不同的构造运动中，常表现为具有不同的主导运动而已。构造运动最终导致地表产生巨大起伏，是形成宏观地貌特征的决定性因素。

除此以外，构造运动常控制外动力作用的方式和速度，例如，以地壳抬升为主的地区常形成剥蚀地貌，以地壳下沉为主的地区常形成沉积地貌。

> **小栏目**
>
> 结合地壳运动与地貌形成之间的关系，根据下列现象说明当地曾发生过怎样的地壳运动？
>
> ① 海下几百米的珊瑚礁（珊瑚一般生长于温暖浅海，海水深度一般不超过70 m）；
>
> ② 溺谷（被海水淹没的河谷）；
>
> ③ 花岗岩球状风化地貌。

（2）气候因素与外动力

气候因素对外动力的形成起决定性作用，一个地区外动力的类型和强弱与气候因素密切相关。气候的水热组合不同，形成的外动力类型也不同。

高海拔和高纬度地区，气候寒冷，流水、风等作用微弱，水体主要以固体冰川的形式存在，因此冰川作用是主要的外动力。在冰川作用下，山地呈现出角峰、刃脊、冰斗、"U"形谷等冰川侵蚀地貌（图2-2）；冰川前缘发育冰碛堤、冰碛丘陵、冻胀丘、石环等冰川堆积地貌。

地球表面过程

图 2-2 冰川侵蚀地貌

暖湿气候条件下，降水充沛，地表径流活跃，流水作用成为主要的外动力，使得流水地貌发育广泛。例如，我国南方亚热带季风气候区，发育了广泛的丹霞地貌（图 2-3）和喀斯特地貌（图 2-4），这些都是典型的流水地貌。除了流水作用以外，暖湿地区的化学风化作用也十分强烈，岩石在暖湿条件下发育出深厚的红层，使得土壤中富含三价铁离子。

图 2-3 丹霞山

图 2-4　地表喀斯特景观

干旱气候条件下，水的作用变得十分微弱，风力作用成为主要的外动力。相应的地貌包括风蚀蘑菇、风蚀壁龛、风蚀柱和雅丹地貌等风蚀地貌，新月形沙丘、纵向沙丘和金字塔型沙丘等风积地貌。除风力作用外，干旱地区若因冰雪融水而产生间歇性洪流，也可形成流水作用，产生洪积扇、洪积倾斜平原等地貌。

同一地区气候变迁会导致外动力发生改变，进而出现不同类型的气候地貌叠置的现象，这种现象可以当作追溯气候变化的证据。例如，黄土是干冷气候条件下的产物，由于第四纪时期气候冷暖变化，使黄土与棕红（黑）色古土壤层交替出现。被冬季风带来的粉尘降至黄土高原时，如果处于温暖的间冰期，黄土就会受到强烈的风化作用，逐渐演化为棕红（黑）色的古土壤，因此可通过第四纪黄土揭示气候变化趋势。

地球表面过程

（3）岩性与地貌形成

岩石因其矿物组成、构造以及产状的不同，在抗风化和抗外力侵蚀能力等方面表现出很大的差异，形成的地貌形态或地貌轮廓存在很大不同。

岩性坚硬、胶结能力好的岩石，例如，石英岩、石英砂岩、砾岩，抗风化和抗侵蚀能力强，常在地表保留下来，形成山岭或高地。岩性松软的岩石，例如，泥灰岩、页岩等，常常被外力侵蚀而高度降低，形成低矮的丘陵或缓岗。软硬相间分布的岩石因抗风化、抗侵蚀能力存在差异，岩性松软的岩石被侵蚀形成凹陷，岩性坚硬的岩石保留下来，使得岩石最终呈现出凹凸有序的形态。例如，小尺度可能表现为风蚀柱和风蚀蘑菇，大尺度则可能表现为河谷盆地和峡谷相间分布。

还有一些岩石节理发育，风化和侵蚀沿着节理面进行，发育出各种地貌。例如，玄武岩柱状节理发育易形成陡崖和石柱，花岗岩垂直节理发育易形成陡峭的山峰或风化形成球状地貌，片岩片理发育常形成鳞片状地貌。

除此以外，岩石的水理性质对地貌形成也会起到很大影响。例如，碳酸盐岩具有水溶性，湿热环境下易被流水溶蚀形成喀斯特地貌。黄土与黄土状岩石干燥时稳定性强，但遇水后容易湿陷。

（4）生物与地貌形成

在外动力作用中，生物可使岩石发生机械风化和化学风化，进而影响地貌的发育。

从机械风化的角度，植物生长过程中，根系逐渐发育，由短到长，由粗到细，由疏到密，使得岩石裂隙不断加深、扩大，最终崩裂破碎，这就是根劈作用（图2-5），是植物机械风化的常见案例。穴居动物，如穿山甲、鼹鼠等，挖掘洞穴也可使岩石出现裂隙并破碎，这是动物引起机械风化的例证。

图 2-5 根劈作用

除此以外,生物尤其是微生物在新陈代谢和遗体分解的过程中,分泌出的有机酸对岩石具有一定的腐蚀作用,使岩石表面变得凹凸不平,这是生物化学风化的表现。

风化是岩石侵蚀和搬运的前提,从这一角度看,生物风化对地貌形成起到了很大作用。

生物也可以直接构成岩石,生物遗体不断沉积可形成微生物岩或生物碎屑岩,例如,硅质岩主要物质来源之一是硅质生物骨骼堆积,如硅藻土与放射虫硅质岩。生物的化学作用可促进某些化学物质的析出,从而形成典型的生物地貌,例如,珊瑚礁与牡蛎礁。在海岸带,贝壳不断堆积会形成贝壳堤等微地貌。除此以外,非洲博茨瓦纳的蚁冢(图 2-6)、我国高原地带的鼠洞和土堆,都是生物活动形成的微地貌。

地球表面过程

图 2-6　蚁冢

（5）人类活动与地貌形成

人类活动对地貌发育的作用方式主要有两种：

一是改变地貌发育的条件，加速或延缓某种地貌的发育过程。例如，植被可以涵养水土，植被破坏将加剧地表侵蚀，若在绿洲大量开垦耕地可能导致土地沙漠化；植树种草则可减缓地表侵蚀，例如，在荒漠化地区边缘种植防护林可减小荒漠化面积，抑制风沙地貌的发育。河流泥沙含量与河流沉积地貌密切相关，在河流中上游修建水库，拦截泥沙，可能导致河流下游河道加深、三角洲面积萎缩。这些都是人类活动影响地貌发育过程的实例。

二是直接干预地貌发育，甚至改变地貌发育方向。例如，在山区修建梯田，使原本具有坡度的平滑山坡变为阶梯状农田。通过修筑水渠、裁弯取直来约束河流或迫使河流改道，直接改变河流地貌。城市建设或交通建设中平整土地、填埋凹地，改变地表起伏。围湖造田、围海造地等将水域变为陆地。随着科学技术的提升，人类活动对地貌的干预程度还将进一步加深。

2.1.1.2 地球表面的基本地貌类型

地球表面具有多种地貌类型，但其尺度不尽相同，从宏观地形到微地貌，地貌类型应该具有等级之分。大陆和海洋盆地是最高级的地貌类型。大山地和大平原，海底山地和海底平原是第二级地貌类型。本部分主要介绍大陆地貌类型，海洋地貌类型在本书 2.1.2 节中具体展开描述。

根据陆地地表的形态状况，大山地内部又包含山岭、谷地和山间盆地；大平原又可依据海拔高度不同分为低平原和高平原（高原）。

（1）山地

山地是山岭、谷地和山间盆地的总称，是地壳抬升作用下再由外力侵蚀作用形成的。山岭的内部形态包括山顶、山坡、山麓。山顶呈狭长、锋利的带状延伸时称为山脊。山顶按形态特征可分为尖顶山、圆顶山和平顶山三类，例如，我国临沂的岱崮地貌就是典型的平顶山，也称桌状山，如图 2-7 所示。山坡可分为直线形坡、凹形坡、阶梯坡三类。谷地内部包括河漫滩、河床、阶地等次级地貌类型。

地球表面过程

图 2-7　岱崮地貌

根据绝对海拔高度，山地可分为极高山、高山、中山和低山四类，如表 2-1 所示。

表 2-1　我国山地、丘陵分级

名称		绝对高度 /m	相对高度 /m
极高山		>5000	>1000
高山	深切割的	3500～5000	>1000
	中等切割的		500～1000
	浅切割的		100～500
中山	深切割的	1000～3500	>1000
	中等切割的		500～1000
	浅切割的		100～500
低山	中等切割的	500～1000	500～1000
	浅切割的		100～500
丘陵			100

(2)平原

平原是指平坦广阔、内部地势起伏很小的地貌形态类型。依据海拔高度，可分为低平原和高平原两类。低平原地势在200 m以下，起伏和缓，切割微弱，沉积物深厚。高平原简称高原，地势较高，切割较强烈。依据表面形态，平原又可分为平坦平原、倾斜平原、凹形平原和起伏平原等类型。平原绝不是一个几何平面，其内部包括许多次级地貌，如河漫滩、冲积扇、三角洲、河曲、牛轭湖等。

东欧平原是世界上最大的低平原，面积可达 4×10^6 km^2。除此以外，西西伯利亚平原、亚马孙平原、北美大平原等也是世界上面积较大的平原。

高平原内部地貌分异十分复杂，因其海拔较高，切割作用强烈，因此内部常有山地相间分布。世界上面积最大的高原为南极冰雪高原，面积约 1.28×10^7 km^2。青藏高原（2.5×10^6 km^2）、伊朗高原（2.5×10^6 km^2）是有人类定居的面积最大的高原。

当平原四周被山体环绕时，平原和四周山体组成了一种新的地貌类型——盆地。盆地地形没有具体的海拔要求，只要形态上符合"周高中低"即可。世界上最大的盆地为刚果盆地，位于非洲中部，大部分在刚果民主共和国境内，面积为 3.37×10^6 km^2，盆地南北均为东非高原，东部为东非大裂谷，西部为刚果河下游和河口地段。

(3)中国主要的地貌单元

从地貌角度来看，我国的"地貌特征"可以描述为：地形类型复杂多样，以山地、高原地形为主，山区（丘陵、山地以及崎岖的高原）面积广大；地势西高东低，呈三级阶梯状分布。

从地貌单元来看，我国主要的高原地形区包括青藏高原、黄土高原、内

地球表面过程

蒙古高原和云贵高原，主要的盆地地形区包括塔里木盆地、准噶尔盆地、柴达木盆地和四川盆地，主要的平原地形区包括东北平原、华北平原和长江中下游平原，主要的丘陵地形区包括山东丘陵、辽东丘陵和东南丘陵，其中东南丘陵又可分为江南丘陵、两广丘陵和浙闽丘陵。

不同的地貌单元形成的自然地理环境不同，人类活动的主要方式也存在差异，例如，平原适宜发展耕作业，丘陵山地适宜发展林果业，高原适宜发展畜牧业等。人类的生存和发展需要合理利用不同地形的优势，因地制宜，趋利避害。

2.1.2 海洋的地形地貌

海底和陆地一样，内部起伏不平，有山有谷，有平原也有盆地。海洋的地形地貌十分复杂，且无法直接测量，声呐技术的出现使得探测海洋地貌成为可能。根据海洋的不同位置，大致可以将海洋地貌分为洋底地貌、大陆边缘地貌和海岸地貌。

2.1.2.1 洋底地貌

根据 20 世纪 70 年代以来的研究结果，洋底地貌主要包括两大部分，即大洋中脊和大洋盆地。

（1）大洋中脊

大洋中脊（图 2-8）或称洋脊，是地球上最长的山脉，贯穿大洋中部，大洋中脊一般宽 1500～2000 km，高出洋底 1～3 km。最典型的为大西洋中脊，它位于大西洋中部，与两侧大陆大致平行，呈"S"形延伸，中央为一深陷裂谷，两侧有一系列阶梯状断层。有的大洋中脊不完全处在大洋中间位置,如太平洋,而且太平洋东部洋脊中间无明显的裂谷,称为太平洋中隆。

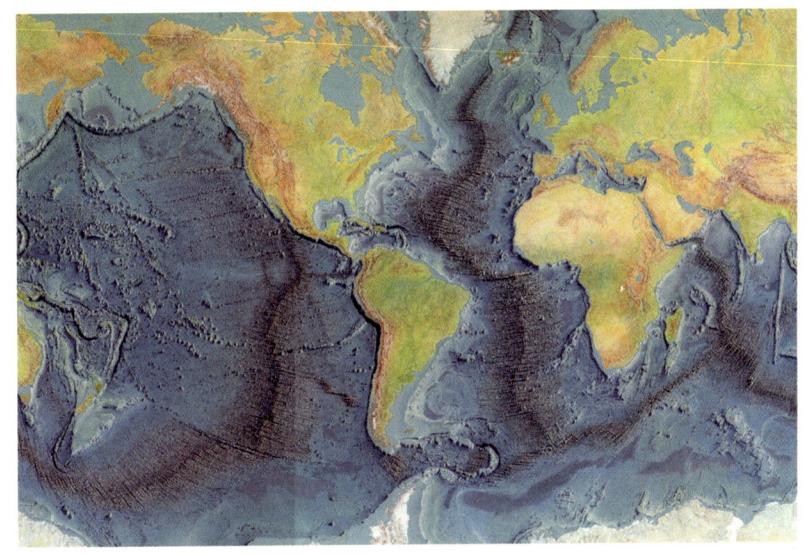

图 2-8 全球大洋中脊分布

大洋中脊两侧有许多地质现象,特别是地球物理现象表现出一定程度的对称性。

① 地质现象的对称性。从大洋中脊向两侧,海底沉积物由薄变厚,基岩风化程度由浅变深,形成以洋中脊为中心、两侧地质现象对称的特点。

② 海底磁条带呈对称性分布。洋中脊喷出的高温玄武岩浆冷却到居里点（400~580 ℃）时,将会被磁化,当时的磁场方向会被记录在岩石中。因地磁南北极多次转向,海底岩石中的正、负向磁异常条带反复出现。1963年,剑桥大学瓦因、马修斯发现了海底磁性条带。在洋脊两侧,以洋中脊为轴带,海底岩石的正、负磁异常条带对称分布。由此证明,从洋中脊向两侧的岩石年代具有对称性,说明洋脊在向外扩张。

③ 洋底年龄特征。海底沉积物从洋脊向两侧逐渐变厚,通过洋底采样及年龄测定,人们发现海底沉积物还具有两个特点。一是最老的沉积物年龄不早于侏罗纪,即不早于2亿年,远比大陆上最古老的岩石(40亿年)年轻。二是海底沉积物年龄从洋脊向两侧逐渐变老,且对称分布。这些特点说明,洋壳的形成时间较晚,且洋中脊仍在不断扩张,洋中脊的年龄较新。

大洋中脊还可以细分出主要的次级地貌单元:中央裂谷和转换断层。中央裂谷位于大洋中脊的中央部位,是高地热流异常区,中央裂谷附近的热流值是深海盆地正常值的2~3倍,其下部被认为是地幔岩浆上升的地方,由此说明大洋中脊在不断向外扩展。转换断层(图2-9,图2-10)是横切大洋中脊的巨大断裂体系,此称谓由加拿大地质学家威尔逊于1965年提出。

图2-9 大西洋中脊的转换断层体系

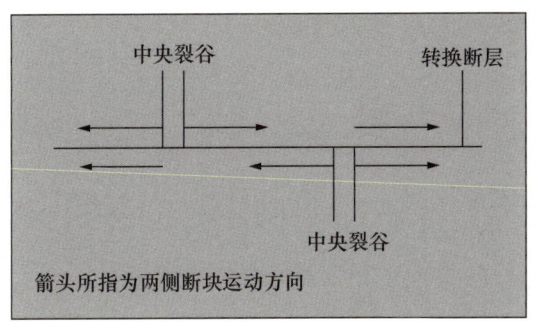

图 2-10　转换断层的运动形式示意

> **小栏目**
>
> 图 2-11 中，图 a 表示转换断层，图 b 表示平移断层，双线为洋脊。对比两图，思考平移断层和转换断层在中脊轴距离、错动方向上有何区别？
>
>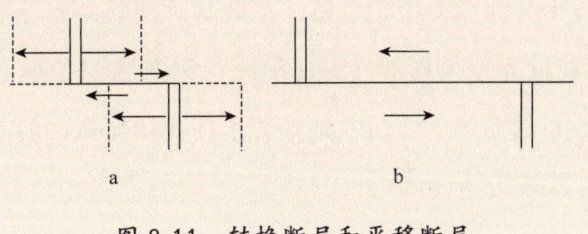
>
> 图 2-11　转换断层和平移断层

对比转换断层和平移断层，从中脊轴距离来看，随着时间的推移，平移断层两侧的两段中脊将越离越远，而转换断层中脊轴两侧海底虽然不断扩张，但断层两侧两段中脊之间的距离并不加大。从错动位置来看，平移断层错动是沿整条断裂线发生，转换断层的相互错动仅发生在这两段中脊轴之间，在中脊轴之间以外的断裂带上，断层两侧海底的扩张移动方向相同，其间没有相互错动。从错动方向来看，平移断层错动方向为左旋，转换断层则为右旋。

（2）大洋盆地

大洋盆地是海洋的主体，其面积约占海洋总面积的45%，其中水深在4500～5000 m的开阔水域被称为深海盆地。盆地中最平坦的地貌单元是深海平原，坡度一般小于1/1000。

2.1.2.2 大陆边缘地貌

大陆边缘是大陆向大洋的过渡地带，根据大陆边缘的地质构造，可分为活动大陆边缘和被动大陆边缘。

（1）活动大陆边缘

活动大陆边缘（图2-12）的典型是环太平洋地区，包括西太平洋型的海沟-岛弧-弧后盆地体系和东太平洋型的海沟-山弧体系，多火山与地震活动。

海沟是平行于岛弧或海岸山脉的、呈线状延伸的洋底低地，水深一般在6000 m以上，如世界上最深的马里亚纳海沟深度达11 034 m。岛弧是高出海面的呈弧形分布的岛屿。弧后盆地是位于岛弧和岛弧之间或岛弧和大陆之间的深水盆地，深度可达5000 m。

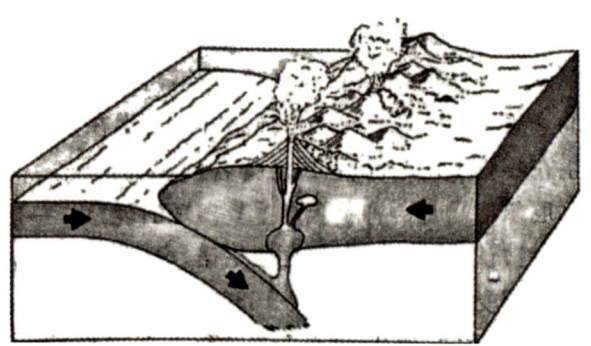

图2-12 安第斯型活动大陆边缘示意

多数学者根据重力测量数据分析，认为海沟是切穿岩石圈并切入上地幔的深大断裂。重力测量和地震材料证明，在这里，大洋地壳以较大角度向大陆地壳下俯冲，且浅源、中源、深源地震带沿俯冲带有规律分布。从全球地震分布规律，确定环太平洋海沟是一个巨大俯冲带。

此外，海沟是不对称的地热流异常区。海沟和洋脊一样，都存在地热流异常现象。在海沟附近，显示地热流值较低，火山活动较少。而在海沟向陆地的一侧，地热流值显著升高，形成一系列火山带，从地貌上来看，则为岛弧。在岛弧向大陆的一侧，为弧后盆地，高地热流值现象也会延伸至此。

（2）被动大陆边缘

被动大陆边缘又称为稳定大陆边缘或大西洋型大陆边缘，地壳相对稳定，缺少火山与地震活动。被动大陆边缘地貌包括大陆架、大陆坡和大陆坡脚，如图2-13所示。

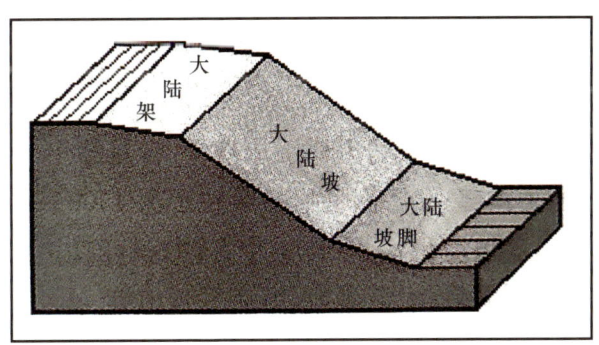

图2-13 被动大陆边缘地貌示意

大陆架是大陆向海洋的自然延伸部分，广泛分布于大陆周围，一般坡度小于1°，平均深度不超过200 m，在两极可超过600 m。被动大陆边缘的大陆架十分开阔，如北美大陆东部与大西洋之间有宽达 1200 km 的大陆架。

大陆架主要由第四季冰川性海面变动与地壳运动相互作用形成。在冰期，海平面下降，大陆架露出海面成为陆地或陆桥；在间冰期，冰川融化，海平面上升，大陆架则被上升的海水淹没，成为浅海。大陆架有丰富的矿藏和海洋资源，已发现的有石油、煤、天然气、铜、铁等 20 多种矿产，其中已探明的石油储量是整个地球石油储量的 1/3。

大陆坡是大陆架和深海底之间的过渡部分，一般认为大陆坡是大陆和大洋的分界线。大陆坡深度可达 3000 m，平均坡度在 3°~6°，大陆坡上常有海底峡谷，通常是海底浊流的通道。

大陆坡脚位于大陆坡与大洋盆地之间，坡度较缓，水深在 2000~5000 m。发源于大陆架或大陆坡的海底浊流将海底沉积物带到大陆坡脚沉积，形成巨厚的深海沉积物。

2.1.2.3 海岸地貌

海岸地貌是海岸带在构造运动、海水运动、生物作用和气候因素等内外力共同作用下所形成的地貌，可分为海蚀地貌和海积地貌。

海蚀地貌多分布在基岩海岸，具体包括海蚀崖、海蚀平台、海蚀柱、海蚀穴、海蚀拱桥等。海积地貌多分布在泥沙质海岸，包括海滩和水下沙坝。为避免重复，有关海蚀地貌和海积地貌的内容将在本书第 4 章和第 6 章中讲述。

2.1.2.4　海底扩张说与海洋地貌的形成

20世纪60年代初期，随着海洋地球物理（地震、重力、热流、地磁）、海底地形、海底地质和同位素年龄测定等方面研究的进展，1960年赫斯首先在地幔对流说的基础上，提出海底的主要构造是地球内部对流作用的直接表现。根据这些成果，迪茨于1961年提出了海底扩张说。

海底扩张说认为，密度较小的洋壳漂浮在密度较大的地幔软流圈之上，由于地幔的温度不均一，使得地幔物质的密度存在差异，从而在地幔或软流圈中引起物质的对流，形成若干对流圈。在地幔物质的热对流驱动力下，洋壳受到拉张作用，形成洋脊。炽热的地幔岩浆沿洋脊上涌，冷凝后的岩浆在洋脊处形成新洋壳，因此从洋脊向两侧岩石年龄不断变老。新洋壳不断生长，促使洋壳朝两侧运移和冷却，致使大洋不断扩张，因此就出现了地磁异常带以洋脊为中心对称分布的现象。

洋脊以平均每年数厘米的速度进行扩张，当不断向外扩张的洋壳与陆壳相遇时，由于洋壳密度较大且位置较低，洋壳便向下俯冲至陆壳下方。俯冲的洋壳由于远离洋脊，因此温度很低，同时将深海沉积物中的水分也带入深处，形成海沟地热流值低值带。另外，由于深部地热作用，再加上强大的俯冲摩擦导致洋壳发生熔融，形成岩浆。岩浆及其挥发性组分在强大的内压力作用下向上侵入，并携带大量热能上升，因此在海沟向陆一侧形成地热流值高值区。同时，来自软流层的岩浆，以及重熔的洋壳和陆壳形成的岩浆，向上喷出形成火山和岛弧，如图2-14所示。

地球表面过程

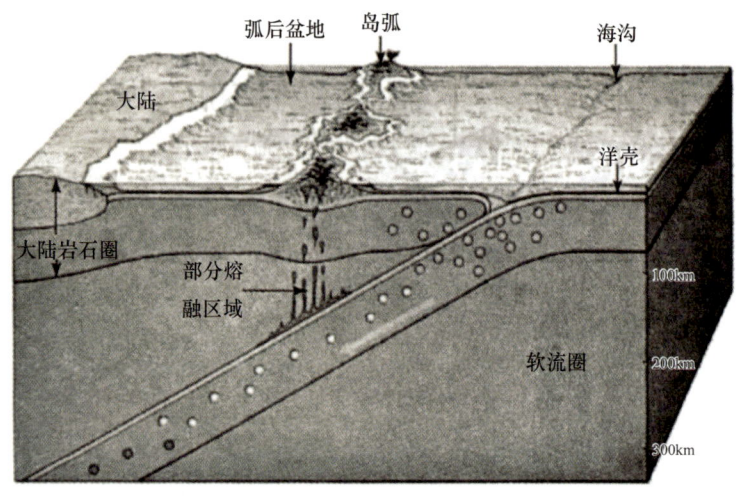

图 2-14　西太平洋型活动陆缘的地貌单元

海底扩张说对海底地形、地质特征和地球物理特征做出了很好的解释。洋壳在不断地更新，从新生到消亡，大约需要 2 亿年，这也是洋底未发现地质年代较老的岩石的缘故。

2.1.3　地球表面自然地理环境分异

由于太阳辐射、距海远近等外部条件的不同，地球表面的自然环境呈现空间差异。从全球尺度来看，自然地理环境分异主要包括温度带分异和自然带分异。

2.1.3.1　温度带分异

太阳辐射的纬度差异导致全球热量分布出现分异，再加上地球公转的影响，根据正午太阳高度和昼夜长短两个因素，即有无太阳直射现象和极昼极夜现象。按纬度划分出热带、南温带、北温带、南寒带和北寒带（图 2-15）。

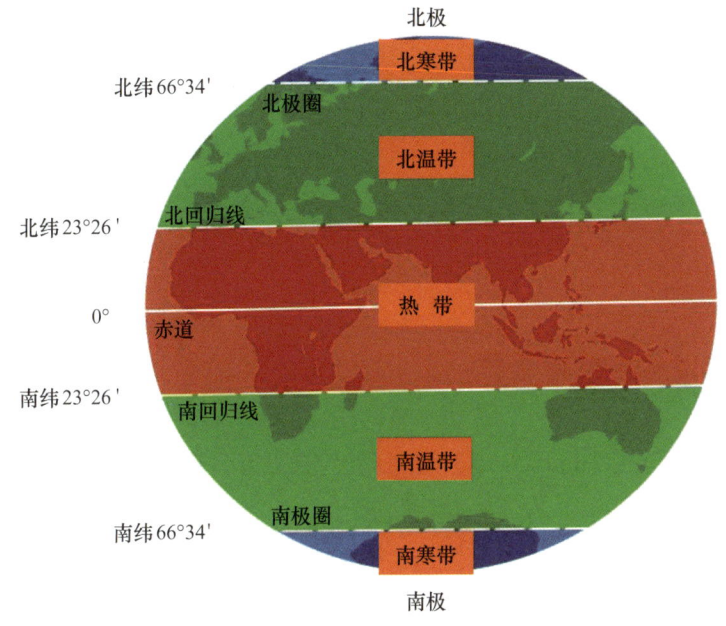

图 2-15　温度带分异

一年当中，由于地球公转和黄赤交角的存在，太阳直射点总是在北纬 23°26′ 和南纬 23°26′ 之间来回移动。南、北回归线之间的地区会出现太阳直射现象，即太阳高度角为 90°。该区域一年当中获得的太阳辐射是全球最多的，终年炎热，称为热带。

南极圈以南和北极圈以北地区，一年之中可观察到极昼和极夜现象。由于该地区全年太阳高度都很小，获得的太阳辐射极少，终年寒冷，气温一直很低，称为寒带。

南北回归线到南北极圈之间的地区，得到的太阳辐射和热量介于热带和寒带之间，气温适中，一年之中四季分明，称为温带。

> 地球表面过程

在我国，根据积温的不同，从北到南划分为寒温带、中温带、暖温带、亚热带、热带和一个高寒气候区。其中寒温带积温小于 1600 ℃，农作物只能一年一熟；中温带积温为 1600～3400 ℃，农作物一年一熟；暖温带积温为 3400～4500 ℃，农作物可两年三熟或一年两熟；亚热带积温为 4500～8000 ℃，农作物一年两熟到三熟；热带积温大于 8000 ℃，农作物一年三熟；高寒气候区主要指青藏高原地区，积温小于 2000 ℃，农作物一年一熟。

2.1.3.2 自然带分异

陆地自然带（natural belt）通常指主要受地带性分异因素影响，在地表大致沿纬线方向呈带状延伸分布，并具有一定宽度的地带性自然区划单位。地球表层的差异性表现为大小不等、内部具有一定相似性的一系列地域单元，并由此产生各地域单元自然条件的差异，即自然带分异。自然带分异具有一定的有序性和普遍性，称为地域分异规律。地域分异规律主要包括纬度地带性分异规律、干湿度地带性分异规律、垂直分异规律和地方性分异规律。除此以外，有些区域由于特殊条件，其自然带不符合正常规律，称为非地带性分异规律，本部分不做讨论。

植被和土壤是自然地理环境的"镜子"，所以陆地自然带的划分通常以植被和土壤为主导标志，其中植被是最重要的划分依据。通常来说，陆地自然带可以分为森林自然带、草原自然带和荒漠自然带三大类。森林自然带包括热带雨林带、亚热带常绿阔（硬）叶林带、温带落叶阔叶林带和亚寒带针叶林带等类型，草原自然带包括热带草原带和温带草原带两大类，荒漠自然带包括热带荒漠带和温带荒漠带两大类。

植被的生长与水分和热量条件密切相关。布迪科与格利高里耶夫为了阐明自然地带分布与水热的关系，以辐射干燥指数 K（水分）为横坐标，以辐射平衡值 R（热量）为纵坐标，以两条曲线显示自然带与水热条件的关系（图 2-16）。

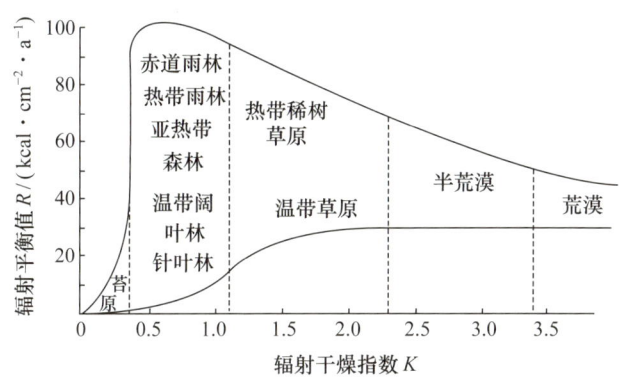

图 2-16　自然带与水热条件的关系

从图 2-16 可以看出，水热组合的变化是促使自然带在水平方向上发生更替的原因。当热量分异起主要作用时，水平地带表现出强烈的纬度地带性；当水分分异起主要作用时，水平地带表现为干湿度地带性。

（1）纬度地带性分异规律

纬度地带性分异规律的形成基础是热量差异，受纬度位置的影响，不同纬度获得的热量不同，进而演化出不同的自然带。纬度地带性下的自然带呈现出东西方向延伸、南北方向更替的分布规律。

受大气环流的影响，大陆东岸和大陆西岸的自然带纬度分异存在不同。

在大陆东岸，从低纬度向高纬度依次为热带雨林带、热带季雨林带、亚热带常绿阔叶林带、温带落叶阔叶林带、亚寒带针叶林带、苔原带和冰原带。大陆西岸，从低纬度向高纬度依次为热带雨林带、热带荒漠带、亚热带常绿硬叶林带、温带落叶阔叶林带、亚寒带针叶林带、苔原带和冰原带。

（2）干湿度地带性分异规律

干湿度地带性分异规律的形成基础是水分差异。大洋是陆地水汽的根本来源，根据距海远近的不同，陆地区域之间存在水分条件的差异，进而形成了不同的自然带。干湿度地带性下的自然带呈现出南北方向延伸、东西方向更替的分布规律，在中纬度陆地表现最为明显。

从海洋向陆地，大气输送的水汽逐渐减少，进而呈现出森林、草原、荒漠的分异特点。

森林自然带一般分布在湿润和半湿润地区，是生产量最大的陆地自然带，从赤道到两极主要有热带雨林带、亚热带常绿阔叶林带、温带落叶阔叶林带、亚寒带针叶林带（泰加林）和寒带苔原带等类型。

草原自然带一般分布于半湿润、半干旱的内陆地区，自然带植物以草本植物为主。因纬度和热量条件不同，大致可以分为热带草原带和温带草原带。

荒漠自然带一般分布于干旱地区，降水稀少，根据纬度和热量不同，可分为热带荒漠带和温带荒漠带。荒漠属于十分脆弱的生态系统，多生长旱生小乔木、灌木、仙人掌类植物，种类贫乏，结构简单（图2-17）。

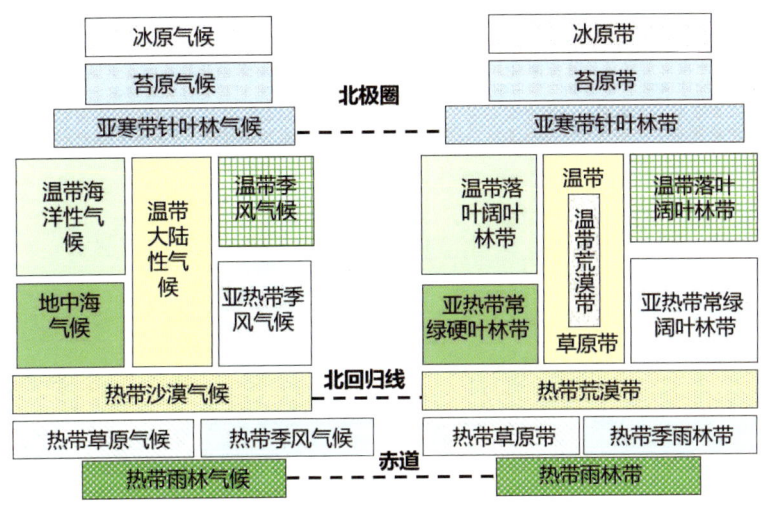

图 2-17 理想大陆气候模型及自然带分布

（3）垂直地带性分异规律

在一定高度的山区，随着高度上升，温度逐渐下降，降水发生变化，从山麓到山顶，自然环境及其组成要素会出现逐渐变化更迭的现象，就是垂直分异规律。

垂直分异规律的形成基础是水热变化，自然带主要沿等高线方向延伸。山地自下而上按一定顺序排列形成的垂直自然带系列称为垂直带谱。垂直带谱的结构类型主要取决于山地所处的地理位置、山体本身的相对高度和绝对高度、坡向等。如珠穆朗玛峰南坡（图2-18），从低到高有如下各垂直自然带：常绿阔叶林带—山地针阔叶混交林带—山地针叶林带—高山灌丛草甸带—高山草甸带—亚冰雪带—冰雪带。一个完整的垂直带谱顶端应为冰雪带。

地球表面过程

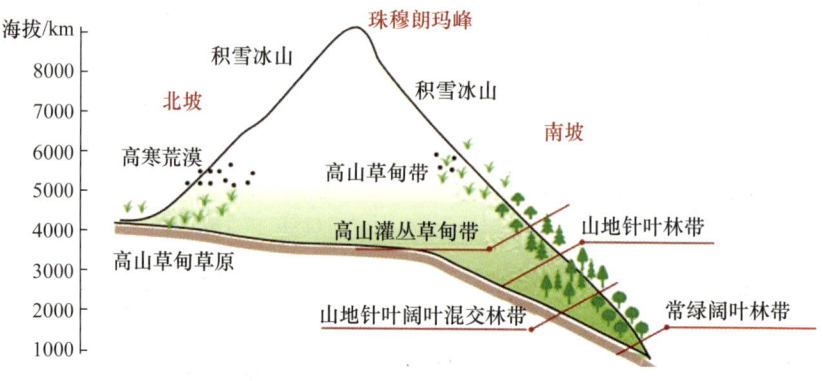

图 2-18 珠穆朗玛峰南北坡垂直带谱

（4）地方性分异规律

地方性分异规律是较小尺度的地域分异，它是在地方地形、地方气候、较大范围地面组成物质等差异的影响下，自然环境各组成成分及其组合沿一定地势剖面发生变化的规律。地域分异常常表现出有序性和重复性的规律。例如，山地的山麓、坡面、坡顶由于坡度的差异，导致植被生长出现明显的地域分异。

2.2 地质体及其产状要素
Geological body and its occurrence elements

地质体是指各种成因形成的自然岩石体或土质体，其形态各异，尺度多样，性状不同。地质体间及其内部存在集合的、物理的、状态的界面，称为地质体的界面，实际的物理界面包括岩层界面、断层面、不整合面、面理等。从几何学的角度来看，点可以构成线，线可以构成面。因此，地质体可看作一系列面和线的集合体。由此，可通过面状构造和线状构造来记录地质体的产状，进而研究地质界面产状是否发生过变化。

2.2.1 面状构造的产状要素

面状构造是指地质体中几何的或物理的结构面，任何面状构造或地质体界面均以走向、倾向和倾角来表示，如图 2-20 所示。

2.2.1.1 走向、倾向和倾角

倾斜平面与水平面的交线称为走向线，走向线两端的延伸方向即为该平面的走向，反映的是地质体在空间上的延伸方向。

倾斜平面上与走向线相垂直的线称为倾斜线，倾斜线在水平面上的投影

所指的方向即倾向，表示地质体的空间方位。

倾角（α）指平面上倾斜线与其在水平面上的投影线之间的夹角，反映地质体的倾斜程度（图2-19）。

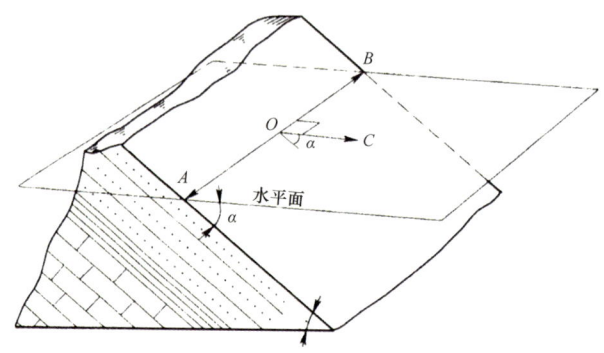

图2-19　走向、倾向和倾角

图中AB延伸方向为走向，OC所指方向为倾向，∠α为倾角

2.2.1.2　面状构造产状要素的表示方法

走向、倾向和倾角的表示方法有三种，即图示法、方位角法和象限法。

（1）图示法

一般记录走向、倾向和倾角。例如，"∠₆₀"，其中长线为走向，短线表倾向，数字即倾角，因此"∠₆₀"表示该地质体呈东北—西南走向，倾向为东南方向倾斜，倾角为60°。

（2）方位角法

一般记录倾向和倾角。东南西北四个方向总共360°，规定正北为0°，正东为90°，正南为180°，正西为270°。如"SE120°∠30°"表示该地质体倾向为120°，即向东南方向倾斜，倾角为60°，走向可根据倾向加减90°得出。

(3) 象限法

一般记录走向、倾向和倾角。东西、南北直线相交,形成四个90°的象限角,规定南、北为0°,东、西为90°。如"N50°W∠SW30°"表示该地质体走向为北偏西50°,倾向为西南方向,倾角为30°。

2.2.2 线状构造的产状要素

直线的产状是指直线在空间上的方位和倾斜程度,直线的产状要素包括倾伏向、倾伏角,或其所在平面上的侧伏向和侧伏角,如图2-21所示。

2.2.2.1 倾伏向和倾伏角

倾伏向是指某直线在空间上的延伸方向,即某倾斜直线在水平面上的投影线所指示的方位,用方位角或象限角表示。倾伏角指直线的倾斜角度,即直线与其水平面上的投影线之间的夹角。方位角表示法如"SE120°∠30°",表示倾伏向为120°,朝东南方向延伸,倾伏角为30°。

2.2.2.2 侧伏向和侧伏角

侧伏角是指当线状构造在某一倾斜平面内时,该直线与其所在面走向线之间所夹的锐角(图2-20)。侧伏角的走向称为侧伏向,也就是倾斜平面的走向。侧伏角的记录方法如"30°N",表示侧伏角为30°,侧伏向朝南。

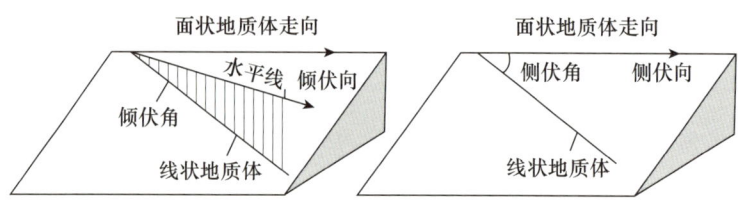

图 2-20 倾伏角和倾伏向、侧伏角和侧伏向

2.2.3 岩层的面向和判断标志

岩层的面向是岩层顶面法线所指的方向,即岩层由老变新的方向。正常情况下,先沉积的岩层在下,后沉积的岩层在上。沉积岩层有很多原生沉积构造,可以用来确定岩层的面向。

2.2.3.1 变异层理标志

(1)交错层理

利用交错层理的纹层形态及被层系面截切的关系可判断岩层的顶面和底面。斜纹层的顶部多被截切,与层系面呈大角度相交,下部常逐渐收敛、变缓,与底面呈小角度相交或相切,如图 2-21 所示。

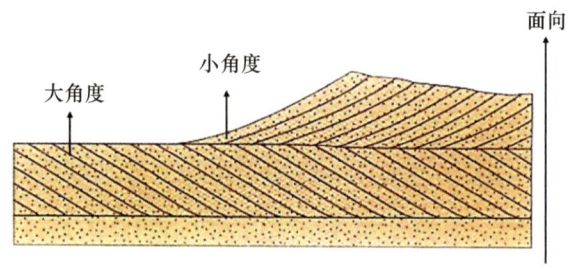

图 2-21 交错层理的岩层面向

（2）递变层理

在单层岩层中，由于流水沉积作用的分选性，一般粒径大的先沉积，粒径小的后沉积。因此，正常的递变层理为从岩层底面到顶面粒度由粗到细。递变层理顶面与上一层岩层的底面粒径是突变的，有明显的界面，如图 2-22 所示。

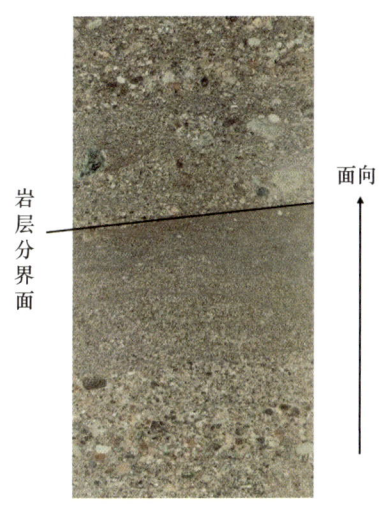

图 2-22 递变层理与岩层分界面

在特殊情况下，也可能出现反向递变层理，例如，水流逐渐加强或粗碎屑物质相互碰撞、悬浮，导致细碎屑先沉积，形成由底到顶逐渐变粗的粒径分布。

2.2.3.2 层面原生构造标志

（1）波痕

波痕是沉积物表面由于水、空气流动而形成的波状起伏不平的堆积形态，

地球表面过程

主要发育在粉砂岩、砂岩和碳酸盐岩的表面。

波痕由波脊和波谷组成，根据波脊的形态可确定岩层的顶面和底面。波脊指向岩层的顶，波谷圆弧凹向底面，如图 2-23 所示。

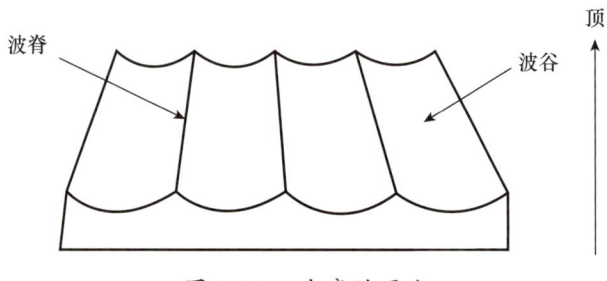

图 2-23　波痕的面向

（2）泥裂

也称干裂、龟裂，是未固结的沉积物露出水面后，经暴晒干枯收缩形成的与层面大致垂直的楔状裂缝。裂缝被上覆沉积物填充，使填充层的底面形成底面脊状印模。楔状裂缝和脊状印模的尖端均指向岩层底面，如图 2-24 和图 2-25 所示。

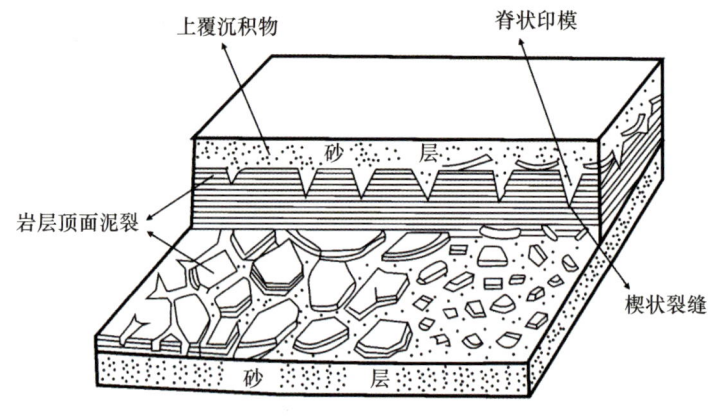

图 2-24　泥裂示意

图 2-25　泥裂

（3）雨痕和冰雹痕

当雨点或冰雹落在湿润柔软的泥质或粉砂质沉积物表面时，冲打出的原型凹坑及其凸起的边缘，称作雨痕（图 2-26）或冰雹痕。雨痕或冰雹痕被上覆沉积物填充掩埋并成岩后，岩层面上会留下凹坑，上覆岩层的底面形成突起印模。

（4）底面印模

沉积物的表面被其他外力作用侵蚀后，常在表面形成各种形状的凹坑和沟槽，当这些痕迹被砂质所填充并成岩后，在砂岩的底面就会形成底面印模。由于砂岩抗风化能力较强，因此印模常保存在砂岩的底面上，以与原始凹坑或沟槽

图 2-26　雨痕

相反的形态表现出来。

2.2.3.3 生物标志

某些化石在岩层内的埋藏保存状态可用来鉴定岩层的顶面和底面。例如，微生物形成的叠层石具有向上隆起的叠积纹层构造（图 2-27），其凸出方向指向岩层的顶面。一些古植物的根系向上变粗并收敛，向下变细且分叉，也可据此判断岩层的顶面。

图 2-27　微生物叠层石

2.3 地质体的时间序列
Time series of geological bodies

在内动力和外动力的共同作用下，地壳的组成、结构、构造及其外部形态发生巨大变化，产生位移和形变。一系列变化构成的连续事件可以反映出地壳演化的过程。通常以地质年代表示这种演化的时间顺序。而地质年代有相对年代与绝对年代之分。相对年代法是依据地层下老上新的沉积顺序，以及地层剖面中整合与不整合的关系，与标准古生物化石进行对比，来确定某个地层的相对年代的方法，又称为古生物地层法。相对地质年代能够区分地质事件的发生先后，但无法确定具体时间。绝对年代法的出现弥补了这一不足。随着科学技术的发展，利用同位素年龄测定法，对矿物或岩石中的放射性同位素进行测量，根据放射性元素的衰变规律计算岩层的绝对年龄，即距今的天数。

本部分内容主要介绍相对年代法，即通过地质体的接触关系判断其形成的先后顺序。

在层状沉积岩层的正常序列中，先形成的岩层在下，后形成的岩层在上。这一原理称为地层层序律，也称为叠覆原理。根据岩层空间几何位置的上下叠置关系，可以判定岩层形成时间的早晚。沉积岩层的接触关系主要分为整合、假整合和不整合三类。

（1）整合

整合是指相邻岩层上下产状一致且平行，沉积连续，无间断或年代缺失，表明上下岩层是在地壳持续下降或地壳稳定期内连续沉积形成的。

（2）假整合

假整合又称为平行不整合（图2-28），指不整合面上下相邻岩层产状一致，彼此平行，但沉积不连续，即发生过沉积间断，中间有地层缺失，且两套地层中的化石群也存在明显不同。形成过程为：地壳下降，接受沉积；地壳抬升，接受侵蚀，某一岩层被完全剥蚀，剥蚀后保留了侵蚀面；地壳再次下降，在不整合面上沉积了新岩层。平行不整合表明地壳曾发生过明显的升降运动。

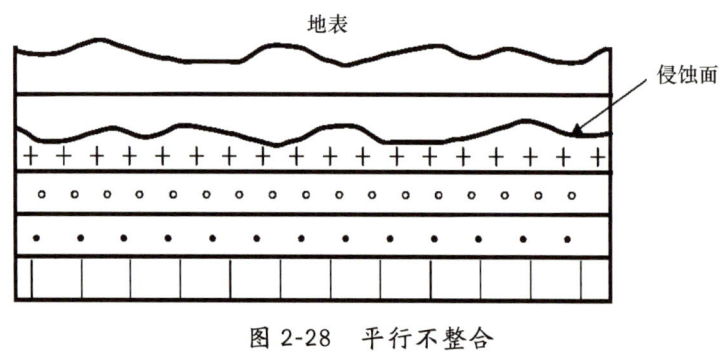

图 2-28 平行不整合

（3）不整合

不整合又称为角度不整合（图2-29），指不整合面上下两套岩层产状不同，岩层成角度相交，岩层年代是不连续的，岩性和古生物特征是突变的。形成过程为：地壳下降，接受沉积；地壳受到挤压，隆起形成褶皱，接受长期侵蚀，起伏趋于和缓；地壳再次下降，接受新的沉积，新沉积岩层的底部为不整合面，不整合面上保留着古侵蚀面的痕迹。角度不整合表明地壳曾发生过升降运动和褶皱运动。

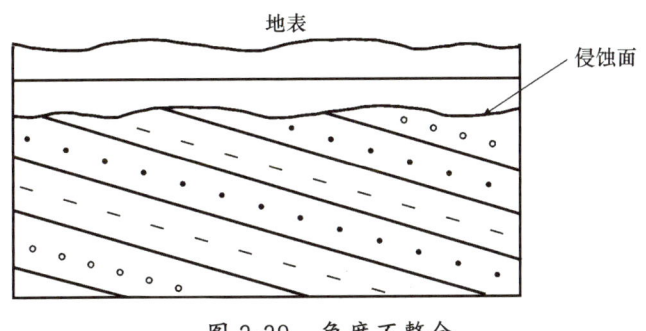

图 2-29 角度不整合

以上三种接触关系均为沉积岩间的关系。侵入岩与围岩间、后期沉积岩与前期侵入体间也存在一定的接触关系。

（1）沉积接触关系

沉积接触又称为冷接触（图 2-30），是火成岩侵入体遭受风化剥蚀后，又被新沉积岩层所覆盖的接触关系。其特点是：在接触面下，岩体顶部常有不整合的侵蚀面和古风化壳等风化侵蚀现象；岩体内的原生构造或岩脉往往被接触面切割；其上覆围岩无热液蚀变现象；其底部常含有下覆岩体的岩屑、砾石或矿物碎屑；当围岩为沉积岩时，则层理与接触面往往平行，且接触面大都较平整。沉积接触关系说明侵入岩体形成时代早于上覆地层。

（2）侵入接触关系

侵入接触又称热接触（图 2-31），是岩浆上升侵入围岩之中，经冷凝后形成的火成岩体与围岩的接触关系。其特点是：岩体边部有边缘带和冷凝边，原生构造发育；岩体内有围岩的捕虏体；在围岩中有自岩体延伸的岩枝或岩脉；环绕岩体的围岩有接触变质现象，并呈带状分布，其变质程度离岩体越远越弱。这种接触关系，反映出岩体的侵入时代晚于围岩。

地球表面过程

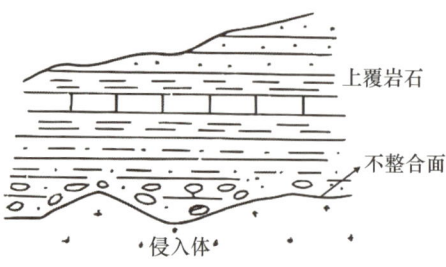
图2-30 沉积接触关系

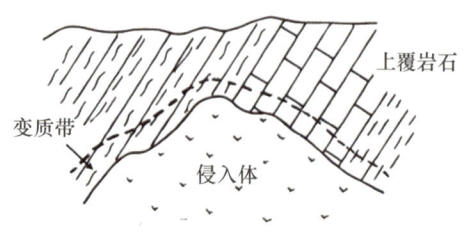
图2-31 侵入接触关系

实践观察

仔细观察图2-32中地质体，找出其中的侵入体和沉积岩层，并根据接触关系判断其形成的先后顺序。

图2-32 侵入体和沉积岩层

2.4 外动力地质作用概述
Overview of External Dynamic Geological Processes

2.4.1 外动力作用的主要类型

外力作用来自地球的外部，导致外力作用发生的力称为外营力，其能量主要源自太阳辐射能和重力能，主要表现形式是风化、侵蚀、搬运、沉积过程，最终使地表趋于平缓。

（1）风化作用

风化作用（weathering）指在温度、水、大气、生物等因素的作用下，地表或接近地表的岩石发生破碎崩解、化学分解和生物分解等。根据作用因素的不同，可分为物理风化和化学风化两大类（详见本书第3章）。

（2）侵蚀作用

侵蚀作用（erosion）指自然界中的流水、风、冰川、海水等及其携带的泥沙和砾石对地表的冲刷和破坏作用。根据外营力的不同，可分为风力侵蚀、流水侵蚀、地下水侵蚀、海水侵蚀和冰川侵蚀等（详见本书第4章）。

（3）搬运作用

搬运作用（transportation）指地表和近地表的松散风化物被外营力搬至它处的过程。外营力包括流水、地下水、风、海水、冰川等。搬运能力的大小主要与外营力的强度有关，例如，流速越大，流水的搬运能力越强。搬运方式主要有推移（滑动和滚动）、跃移、悬移和溶移等。不同营力有不同的搬运方式（详见本书第 5 章）。

（4）沉积作用

沉积作用（sedimentation）在广义上是指被外营力搬运的物质到达某地后，由于搬运条件改变而发生沉淀、堆积，经物理、化学和生物的变化，固结为坚硬岩石的作用。按沉积环境可分为陆相沉积与海相沉积两大类。按沉积作用方式又可分为机械沉积、化学沉积和生物沉积三类。狭义上，沉积作用指使沉积物发生沉积的作用（详见本书第 6 章）。

2.4.2　外力作用的结果

在地球表面及地表附近，由于太阳辐射产生的昼夜温差及季节性冻融，以及化学作用和生物活动等，导致地表岩石被风化裂解，形成风化产物。风化产物被流水、风、冰川等外营力剥离原地，搬运至地势低洼处沉积下来，后经过固结成岩作用形成沉积岩。沉积岩可再次接受外力作用变成新的沉积岩，也可经过重熔再生或变质作用变成岩浆岩或变质岩，如图 2-33 所示。通过不断地侵蚀、转移、成岩等过程，岩石圈的岩石不断循环，同时也促使地表形成各类地貌。

外力作用的参与者有很多，其中流水和风是外力作用中最主要的两种类型。一般来说，在气候湿润和半湿润地区，外力作用以流水作用为主导；在气候干旱和半干旱地区，外力作用以风力作用为主导。比如，在我国东部季风区，多以流水作用为主，表现为各种流水地貌；在我国西北干旱半干旱区，多以风力作用为主，表现为各种风成地貌。

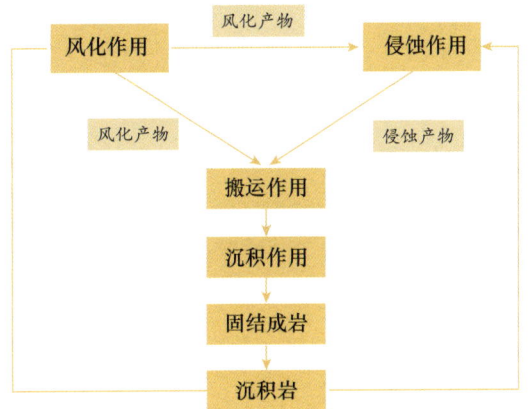

图 2-33 外动力之间的联系

地表在长期外力作用的影响下，会形成各种复杂的地貌，呈现出千奇百怪的形态。同一种岩石在不同外力作用下会呈现出不同的形态特点。例如，花岗岩在风化作用影响下逐渐呈圆润的球状，而在冰川作用影响下则可能棱角分明。不同岩石在同一外力作用下也可能呈现出相同的外部特征。例如，不同岩石在长期外力风化作用的影响下，也可能出现球状风化的形态。

如果说内力作用使地壳变形，让地表变得起伏不平，那么外力作用就是在削弱这种变形，通过"削高补低"，使地表趋于平缓。例如，流水作用将山体顶部的岩石和土壤搬运至山麓沉积，使山体相对落差减小。正是因为有外力作用的存在，才使得地表呈现出千变万化的形态特征。

第 3 章

风化作用

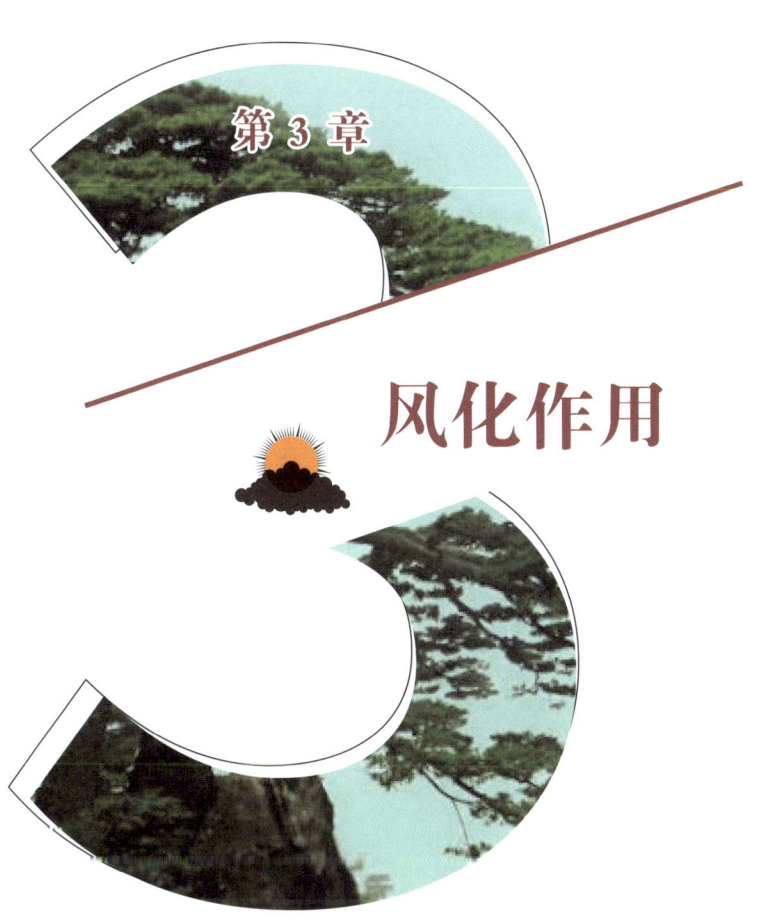

地球表面过程

风化作用是指地表或接近地表的岩石和矿物（基岩）在温度变化、水、大气及生物的影响下发生物理崩解破碎、化学分解而在原地形成松散堆积物的复杂过程。根据岩石遭受改造的因素不同，风化作用可分为物理风化作用和化学风化作用两大类型（图 3-1）。有的学者还把有生物参与的风化作用单独划分为一类，即生物风化作用。由于生物风化作用本质上是生物的物理风化和生物的化学风化，因此，可将其分别归入物理风化作用和化学风化作用的范畴中。

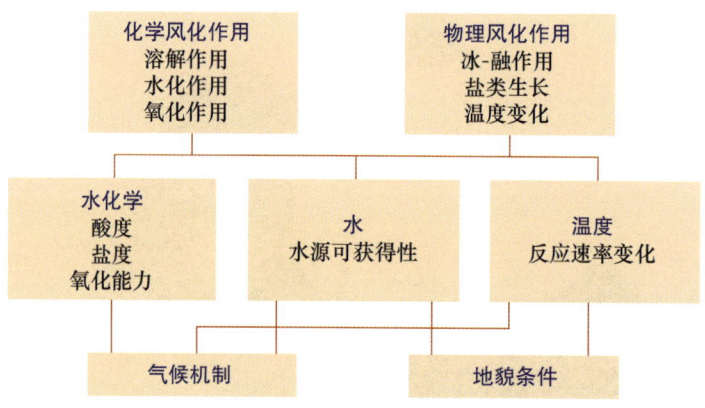

图 3-1　主要的风化作用类型及影响因素

风化作用遍布整个地球的表面，包括水下也存在风化作用，但水下由于沉积作用的影响，风化显得十分微弱，因此风化作用主要在大陆表面进行，是地表广泛发育的一种外力地质作用。风化作用的对象是地表或接近地表的岩石和矿物，作用营力是日光、大气、水以及生物活动等因素，作用特点是岩石在原地遭受分解和破坏。

风化作用是一种自然现象，如古墙的层层脱落，石刻的模糊不清、残缺不全，路基的斑驳，甚至铁器的生锈，等等，均与风化作用有关。没有风化作用，就不会有如此壮丽的河山。

基于此，研究风化作用具有重要意义，主要表现在：

① 探讨古气候、古地理、古环境变化和古构造活动等。它们变化和活动的历史痕迹都被记录在地层剖面中。

② 研究某地区风化壳的性质和发育程度，对工程建筑至关重要。如对高层建筑物的地基处理、铁路桥梁的地基稳定性、水库库底的渗漏等问题具有重要意义。

③ 认识风化作用的特点和规律，可以对一些名胜古迹（如古建筑、古雕塑、古碑刻等）进行科学合理的保护。我们虽不能阻止风化作用的发生，但能减缓风化作用对这些名胜古迹的破坏过程。

④ 寻找与风化作用有关的矿床。

3.1 风化作用的类型
Types of weathering processes

3.1.1 物理风化

由于温度变化或机械作用引起岩石发生机械破碎，但又不改变其化学成分的风化过程称为物理风化。

物理风化的主要特征有：① 基本处于原地的机械破碎与分解作用；② 主要方式有热胀冷缩、冰劈、根劈、卸载、（盐分）结晶等；③ 不能改变化学成分，不会形成新矿物，碎屑物的成分与下覆基岩成分一致；④ 在温差大的沙漠戈壁及干寒区表现尤为明显。

根据其影响因素的不同，物理风化分为温度风化和机械风化，二者的主要区别在于是否有外部机械营力的参与。温度风化是由于岩石自身的原因和温度变化引起的，没有外部机械营力的参与；机械风化是由于各种外部营力的机械作用使岩石发生崩解的过程，最明显的是冰劈作用。

（1）温度风化

温度风化（或温差风化）是由昼夜温差和季节温差导致岩石发生不均匀的热胀冷缩而引起的。岩石是热的不良导体，白天受太阳光暴晒，温度升高，表层体积膨胀，但内部很少受到热力的影响；夜间，岩石表层逐渐冷缩，内部却因受到白天传导进来的热影响而膨胀。岩石表里反复地、不均匀地膨胀与收缩，会使岩石产生裂隙，彼此脱离，层层剥落，岩石就破碎了（图3-2）。昼夜温差大、空气干燥、缺少植被覆盖的地区，如沙漠、戈壁滩（夏季昼夜温差可达50℃以上），由昼夜热胀冷缩引起的温度风化表现明显（图3-3）。当岩块被阳光暴晒之际突遭阵雨或冰雹袭击时，岩块表层更易炸裂破碎。

由多种矿物组成的复矿物岩石，不同的矿物具有不同的膨胀速率和收缩速率，温度变化会导致岩石中矿物之间的结合力减弱。当岩石表面温度大于50℃时，温差产生的内力可以引起岩石的分裂，有薄层岩片从岩石表面破裂开来，产生鳞片状剥落，称为叶状剥离（图3-4）。即便是成分较为均一的单矿物岩石（如石英岩、大理岩），由于存在着岩石的各向异性，甚至是晶格结构的差异，如石英长轴的线胀系数是短轴的1/2，故受热后也会造成热胀冷缩的差异，导致岩石的风化。

图3-2　昼夜温差导致的温度风化过程示意

图3-3　沙漠中物理风化作用形成的地貌景观

地球表面过程

图 3-4　热胀冷缩中岩石不断地松弛剥落

月球表面覆盖着一层松散的月壤。据测定,月球向阳面最高温度达102 ℃,背阳面最低温度达 -151 ℃。那里没有水和空气,月壤的形成除了陨石撞击,昼夜温度的骤变应该是重要因素。火星表面昼夜温差可达 150 ℃。火星表面岩石上也覆盖着一层岩屑和粉尘,其形成除了火山爆发和陨石撞击的因素外,温差风化也应是重要因素。

小栏目

由于存在着岩石的各向异性,甚至是晶格结构的差异,如石英长轴的线胀系数是短轴的1/2,故受热后也会造成热胀冷缩的差异,导致岩石的风化。怎样理解该处的"各向异性"和"晶格结构"?

各向异性是指物质的全部或部分化学、物理等性质随着方向的改变而有所变化，在不同的方向上呈现出差异的性质。

晶格是指原子在晶体中排列的空间格架。晶体内部的粒子（原子、分子或离子）是按一定的几何规律排列的。为了便于理解，把原子看成是一个球体，则晶体就是由这些小球有规律堆积而成的物质。为了形象地表示晶体中原子排列的规律，可以将原子简化成一个点，用假想的线将这些点连接起来，构成有明显规律性的空间格架。这种表示原子在晶体中排列规律的空间格架称为晶格，又称为晶架。

图3-5　石膏晶体

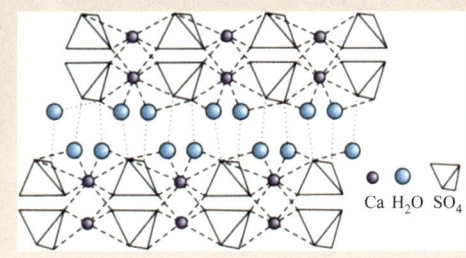
图3-6　石膏的晶体结构

（2）机械风化

机械风化是外部营力作用使岩石发生机械破坏的结果。主要有下列几种方式：

① 冻结风化（寒冻风化、"冰劈作用"）。随着岩石上升到近地表，上覆岩石压力释放会产生裂缝，风化作用一般是从水向岩石的裂缝中渗透开始的。填充于岩石裂隙和孔隙中的水分，因冰冻使岩石发生机械破碎，称为寒冻风化。在高寒、高山及季节变化显著的地区，常在一年或一日之内，发生冰冻及解冻现象。水渗入岩石的孔隙或裂隙后，当外界温度低于0℃时，水

地球表面过程

分冻结成冰,体积膨胀1/9,在裂隙或封闭孔隙中会产生约960 kg/cm^{2}的巨大压力,从而可以撑开和扩大裂隙;气温上升,冰融成水,继续向裂隙深处渗透,这样一冻一解,反复进行,足以使岩石崩解破碎,形成较小的块体。这种机械风化被称为冻结风化(图3-7),裂隙中的冰冻作用犹如一把凿石利斧,也称为冰劈作用、冰楔作用(图3-8)。温度在冰点上下、频繁发生冻融的雪线附近,冰劈作用效果尤为显著。

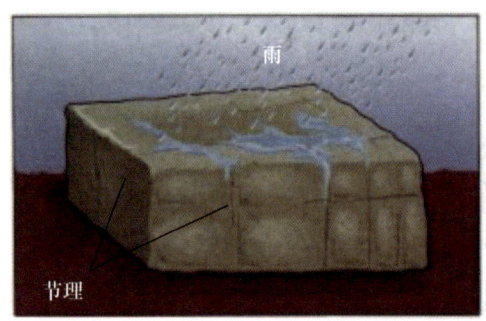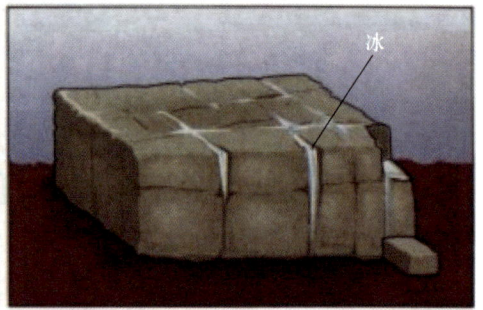

图3-7 冻结风化作用示意

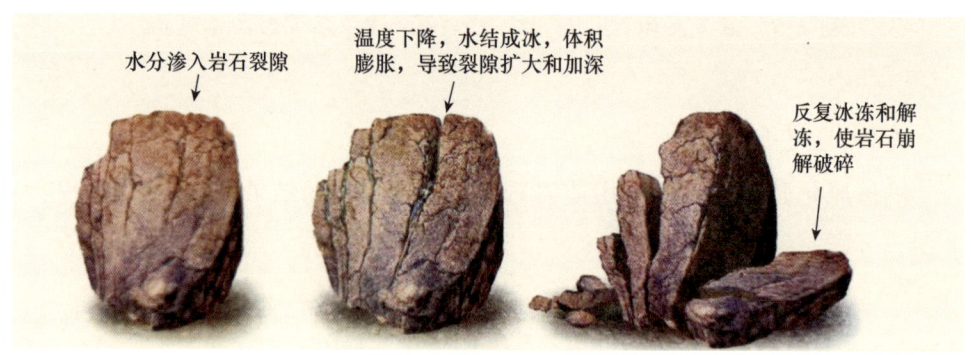

图3-8 冰劈作用过程示意

② 根劈作用。生物物理风化作用包括植物的根劈作用和动物挖掘作用。植物的根系对岩石也会产生机械风化作用,根劈作用(生物参与下的物理风

化）是指扎根于岩石裂隙和孔隙中的植物不断长大，根系对岩石的裂隙壁产生了极大的作用力，就像楔子一样将岩石沿裂隙劈开，其根系对岩石产生劈开作用（图3-9，图3-10），造成机械风化；动物挖掘作用是指穴居动物的挖掘对地表发生了破坏作用，也会产生机械风化作用。

图 3-9　根劈作用示意

图 3-10　生长在岩石裂缝中的黄山迎客松

③ 风化、盐分结晶撑破作用。盐风化是指含有溶解盐类的海水或其他水体渗透到岩石孔隙（或裂隙）中，因岩石孔隙（或裂隙）中的盐类结晶膨胀产生局部胀力而导致的岩石露头表面颗粒分解或脱落的物理风化作用。盐风化也可称为盐晶生长、盐结晶作用、盐屑作用等，因为在海边和某些潮湿地带可以形成密集分布的小型风化穴，看上去像蜂巢一样紧密排列，有时也称为蜂窝状风化（图3-11）。盐风化的标志是有白色盐晶粉末（图3-12）。

图3-11　盐风化形成的蜂窝石

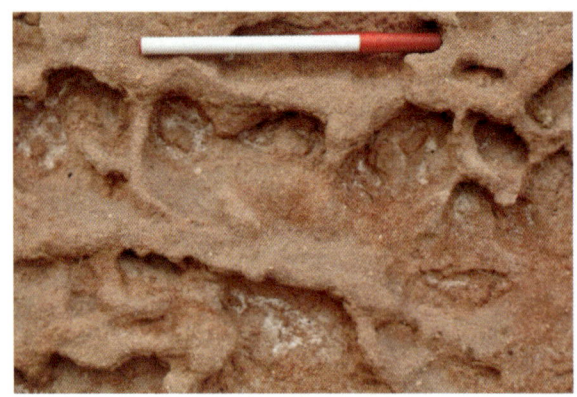

图3-12　盐风化的标志
——有白色盐晶粉末

岩石中多含盐，盐分在夜晚吸收水汽而潮解，增大裂隙水的盐分比例，白天烈日暴晒，地下水沿裂隙上升蒸发，使岩石裂隙水的盐分饱和而结晶，岩石被撑裂；如此反复，使巨大岩石发生崩解。盐风化作用多发生在蒸发量大于降水量的半干旱地区。一些干旱地区的建筑物基部由于含盐地下水的毛细管作用，常被"碱掉"，在北方常听人们说"墙角被碱掉了"，实质上就是风化作用的结果。盐风化作用可以使海堤和海岛上的岩石和建筑物的墙面形成蜂窝石（图3-13）。

图3-13 建筑物表面的盐风化作用

④ 卸载（释荷）作用。处在地下深处的岩石，由于受高温高压的影响，承受上覆岩石的巨大静压力，处于坚实致密状态。当深部岩石上升到地表常温常压条件下时，由于剥蚀夷平，静压力解除，在张应力作用下会造成岩石向上的自发膨胀，这种现象称为卸载，即能量释放，负荷减轻，结果使岩石表面产生一系列平行或垂直于地表的卸荷裂隙，即层裂或席理（常见于花岗岩区）（图3-14）。在风化作用中裂隙很重要，因为它使空气和水能在很深的地方侵蚀岩石，同时它还大大增加了岩石发生化学反应的表面积。由于长

期的卸载作用，促使岩石层层剥离崩解，所以又称为剥离作用（图3-15）。

图3-14　南非开普敦33亿年花岗岩中的卸载席理

图3-15　岩体卸荷在边坡表层形成的席状裂隙

图3-16为浙江雁荡山观音洞崖壁上的岩体因出露地表，重负顿释，体积膨胀，产生垂直于地表的卸载裂隙，层与层之间张开，这便助长了岩石的机

械破碎，产生层裂作用。

图 3-16　浙江雁荡山观音洞的岩体卸载（释荷）作用

此外，释荷作用也常见于采石场和坑道作业过程。如一些煤矿深部巷道掘进时就出现顶板下沉严重、底臌和两帮收缩量大等大的变形现象。在高应力地区，由于岩体应力释放导致从岩壁或硐室周边岩体骤然飞射出岩块的现象称为岩爆，岩爆作用给施工人员带来生命威胁，特别是在快速卸载的情形下尤为突出。

物理风化的结果，使得岩石的整体性遭到破坏；随着风化程度的增加，岩石逐渐成为碎屑和松散的矿物颗粒；碎屑逐渐变细，使热力方面的矛盾逐渐缓和，因而物理风化随之相对削弱，但同时随着碎屑与大气、水、生物等外部营力接触的自由表面不断增大，风化作用的性质向化学风化转化。在一定条件下，化学风化作用将在风化过程中起主要作用。

> **小栏目**
>
> 地形会影响气候条件。山地的阴坡和阳坡哪一坡的风化作用更强烈？
> 山的阴坡和阳坡因为日照的条件不一样，在阳坡坡面昼夜温差更大，通常温度风化作用更为强烈。

3.1.2 化学风化作用

化学风化作用是指氧、水和溶于水中的各种酸以及生物对岩石的分解破坏作用。它不仅使岩石破碎、分解，还使岩石的矿物化学成分发生改变，转变为地表稳定的新矿物，这是与物理风化作用的区别。整个岩石的风化过程始终伴随着或强或弱的化学风化作用，甚至在某些时候起到了关键作用。物理风化作用使岩石破碎的同时增大了岩石受风化的面积，化学风化改变了岩石的化学成分，形成了适合新的物理－化学条件下的平衡，加速了物理风化的进行。

化学风化的速度在很大程度上受降水量的影响，世界上没有一个地方是永久干旱的，即使是在干燥的荒漠地区也有化学风化的痕迹，所以化学风化作用属于世界范围的作用。然而在终年冰冻的寒冷气候区，化学风化十分微弱。

化学风化的主要特征：① 岩石在水、氧、二氧化碳作用下，发生化学分解；② 不仅破坏岩石，而且发生化学反应，形成新矿物；③ 高温潮湿的地区表现较明显；④ 包括多种类型的化学反应，其中主要有氧化作用、水解作用、水合作用、酸的作用、阳离子交换作用、化学溶解作用、去硅作用以及 SiO_2、Ai_2O_3、Fe_2O_3 的化合作用等。

化学风化的主要方式有溶解作用、水化作用、水解作用和氧化作用等。

① 溶解作用（碳酸化作用）：使矿物发生部分溶解与分化的作用。自然界中纯水是罕见的，不论地表水还是地下水，都不同程度地含有各种气体（O_2、N_2、CO_2）和化合物（酸、碱、盐），因此自然界的水体都是水溶液。不同的矿物，溶解度差别很大。在自然界中，硅酸盐类的矿物最难溶，只有在很强的碱性水体中，二氧化硅才能适度溶解。碳酸盐、硫酸盐、卤化物等较易溶解，碳酸盐矿物是中等可溶性矿物，如果地下水呈酸性则它的溶解度会更大（图 3-17）。

图 3-17 石灰岩地区溶解作用（碳酸化作用）形成的石林

大类矿物溶解度由大至小的顺序为：卤化物→硫酸盐→碳酸盐→硅酸盐。纯水对于碳酸盐岩几乎不起作用，但一旦加入 CO_2，难溶的碳酸盐岩立即变成易溶岩石，其反应如下：

$$CaCO_3 + CO_2 + H_2O \longrightarrow Ca(HCO_3)_2$$

方解石（石灰岩）　　　　重碳酸钙

常见矿物溶解度由大至小的顺序为：石盐→石膏→方解石→橄榄石→辉石→角闪石→滑石→正长石→黑云母→白云母→石英。矿物溶解度的大小，一方面决定于化合物的性质，另一方面决定于外界条件（水和水溶液的温度、压力及 CO_2 的含量等）。大部分可溶性矿物都是蒸发盐矿物。例如，岩盐（氯化钠）和石膏，它们都能在原地形成重要的沉积矿床。易溶物质溶解、流失将导致岩石孔隙加大、硬度减少，加速风化、侵蚀（图3-18）。

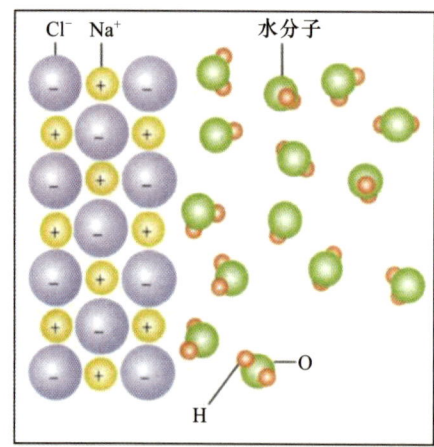 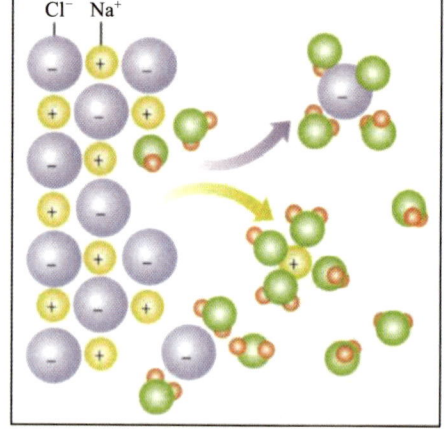

图 3-18　水对石盐（NaCl）的溶解作用

② 水化作用：是指矿物与水发生化学反应，水分子进入矿物的晶体结构中形成含水新矿物，导致矿物、岩石体积膨胀，硬度降低（图3-19）。如，

$$Fe_2O_3 + nH_2O \longrightarrow Fe_2O_3 \cdot nH_2O$$
赤铁矿　　　　　　褐铁矿

$$CaSO_4 + 2H_2O \longrightarrow CaSO_4 \cdot 2H_2O$$
硬石膏　　　　　　石膏

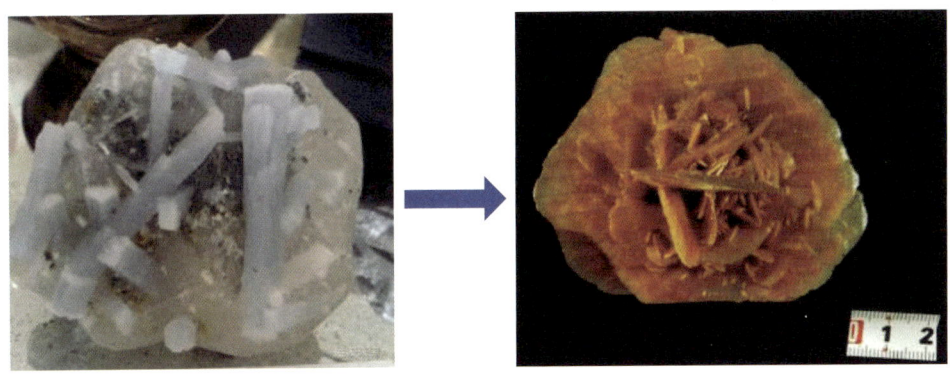

图 3-19　硬石膏水化形成石膏

水化作用形成新的含水矿物改变了矿物原来的结构，也改变了含有该矿物岩石的结构，其结果往往使矿物、岩石的抗风化能力减弱，加速风化进程。

③ 水解作用：指某些矿物一遇到水就变成带氢氧根离子(OH^-)的新矿物的化学风化作用，它对于硅酸盐类和铝硅酸盐类岩石的风化具有特别重要的意义。

由于水的电离作用，矿物在水溶液中会发生水解作用，形成带有 OH^- 的新矿物。弱酸强碱盐或强酸弱碱盐，遇水会解离成带不同电荷的离子。这些离子分别与水中的 H^+、OH^- 发生反应，形成水或 OH^- 的新矿物，称为水解作用。破坏硅酸盐矿物的主要作用就是水解作用。水解作用过程包括分解矿物、带出某些元素、与 OH^- 组合、水化作用等。如地壳表层普遍存在的长石

通过中间形式形成高岭石的过程就是水解作用的典型代表。例如，

钾长石 + 水 ⟶ 高岭石 (残留)+SiO_2 (带走)+KOH（带走）

中间过程中会有 KOH 和 SiO_2 随水溶液流失，只有高岭石保留在原地，形成高岭石矿床（图 3-20）。

图 3-20　钾长石通过水解作用形成高岭石

由化学风化作用残留在原地的产物称为化学残积物，这些物质往往呈松散状，其成分主要是铁、铝、硅的化合物，如褐铁矿、铝土矿、高岭石、蛋白石等。当残积物中铁质少、铝质多时，就形成红色黏土，称为红土，我国南方许多地区都能见到红土堆积，有的地方厚达几十米。

④ 氧化作用：指大气中的氧与矿物化合形成氧化物的作用。在地下水面低、地形起伏大、岩石裂隙发育的温湿地区，氧化作用进行得比较充分，深度也大，甚至可达百米以上，从地面到地下被氧化的地带为氧化带。自然界许多元素都具有与氧结合的能力，特别当岩石的矿物中含有低价元素时，大气中的氧会很快与之反应，转变为地表稳定的新矿物。常见的例子如硫化物中的黄铁矿（FeS_2），经风化后就转变成了褐铁矿（$Fe_2O_3·nH_2O$）。当黄铁矿转变为褐铁矿后，其他矿物的成分、颜色、密度、硬度甚至结构也都发生了变化。这是反应中产生的硫酸腐蚀分解

矿物的结果，使氧化带中铁的含量大大增加。这种富集在地表氧化带顶部的褐铁矿因呈红褐色，称为铁帽。它的出现常认为是寻找地下原生金属硫化矿床的表层标志（图 3-21）。

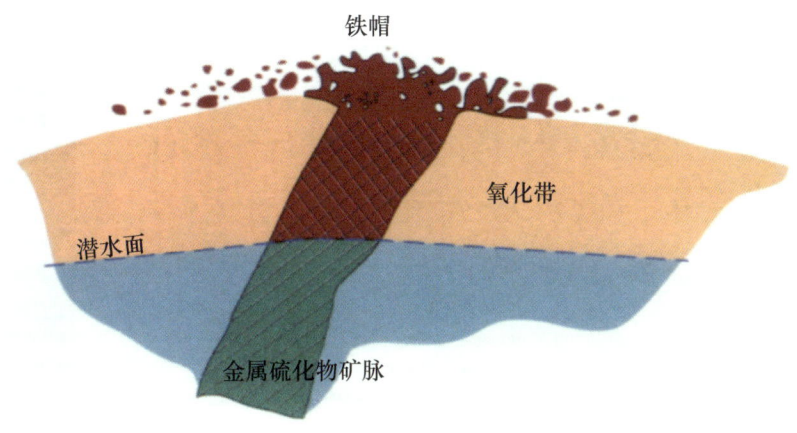

图 3-21　金属硫化物氧化后形成的铁帽

黄铁矿（FeS_2）$+nO_2+mH_2O \longrightarrow$ 硫酸亚铁（$FeSO_4$）$\longrightarrow$ 硫酸铁[$Fe_2(SO_4)_3$]$\longrightarrow$ 褐铁矿（$Fe_2O_3 \cdot nH_2O$）的氧化过程产生松散的褐铁矿和硫酸，会加剧岩石风化（图 3-22）。

图 3-22　黄铁矿氧化作用形成褐铁矿

地球表面过程

> **小栏目**
>
> 风化作用与风蚀作用的区别
>
> "风力"对于风化作用不是必须的,风化作用主要使地表岩石由坚硬变得软化、破碎和崩解,一般不发生明显移位;风蚀作用必须有外营力——风力作用,侵蚀产物发生显著移位。风化+侵蚀=剥蚀。因风化和侵蚀,高山可变成平地,地貌被不断改观。若无风化和侵蚀,则地球表面不可想象。

3.2 风化作用的影响因素
Factors affecting weathering

3.2.1 岩石的性质(内在因素)

在同样的风化条件下,岩石的性质决定了风化作用的表现形式。岩石的坚硬程度并不一定是决定风化作用速度的因素。例如,花岗岩的坚硬程度要远大于石灰岩,在降水量大的地区,石灰岩的风化速度要比花岗岩的快,但在以温度风化作用为主的地区,花岗岩的风化速度则要比石灰岩的快得多。

3.2.1.1 岩石的结构、构造对风化作用的影响

① 岩石的结构有晶质与非晶质、等粒与不等粒、细粒与粗粒之分。通常情况下，粗粒结构的岩石（如花岗岩、闪长岩等）风化时容易沿着岩石中矿物颗粒接触面破裂；细粒结构的致密块状岩石（如各种火山岩等）风化时往往碎裂成细粒的岩石碎屑，所以粗粒结构的岩石往往比细粒结构的岩石更容易风化。结晶岩石又比非晶质岩石容易风化。成分相同的岩石，等粒结构的岩石由于热胀冷缩时矿物体积变化均匀，风化的速度较慢；而不等粒结构的岩石由于矿物的体积膨胀不均匀而加快了风化速度。

② 具有板理、片理和薄层理的岩石及受构造断裂破碎的岩石容易风化碎裂。岩石风化中产生大量的裂隙、溶孔及溶洞，提高了岩石的孔隙度，但降低了其强度。

③ 岩石中的一些原生的、次生的构造同样会影响风化作用的进程，形成一些特殊的风化地貌。如岩石中经常存在一些原生的或次生的层理、节理，由于水溶液沿层理和节理进行化学风化，特别是纵横两组节理的交汇处是风化作用容易进行的地方，岩石的棱角风化快，且逐渐圆滑化，结果岩块表面呈浑圆形，这种现象称为球形风化（图3-23～图3-25）。

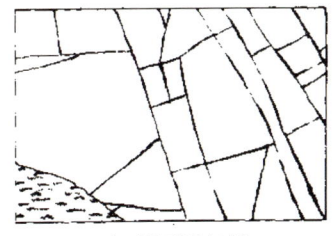  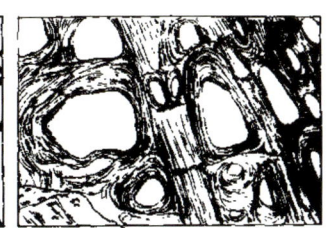

a. 岩石被裂隙切割　　　b. 球形风化初期　　　c. 球形风化晚期

图3-23　球形风化的发育过程

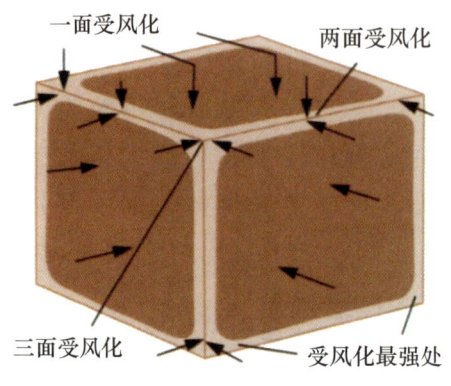 

图 3-24　球状风化示意　　　　图 3-25　球状风化现象

球状构造形成的有利条件：① 岩石具厚层或块状构造；② 发育几组交叉裂隙（或节理）；③ 岩石难以溶解；④ 岩石主要为等粒结构。

岩浆岩中原生的流面构造形成了岩体边缘的板状风化（图 3-26）。

图 3-26　原生流面构造的存在形成了岩体边缘的板状风化

3.1.1.2 岩石的物质成分对风化作用的影响

（1）造岩矿物的稳定性

造岩矿物在风化过程中的稳定性，系指矿物抵抗风化作用的能力。该稳定性首先取决于矿物的化学成分、内部结构和物理性质，其次是造岩矿物所处的风化条件。各种造岩矿物在风化时的稳定性有所不同，故其风化习性和风化产物也不同（图 3-27）。

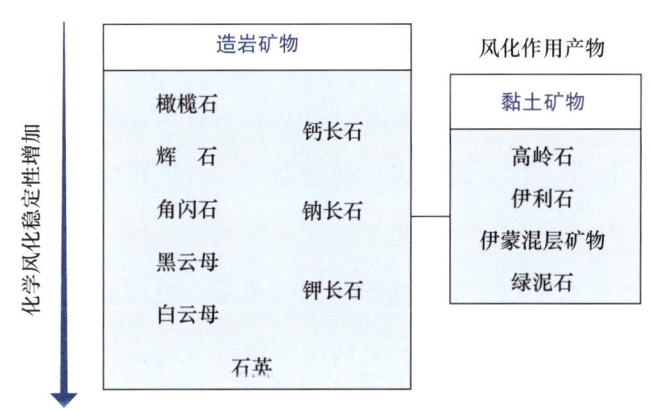

图 3-27　化学风化作用条件下常见硅酸盐矿物的相对稳定性

① 长石类矿物：为含 K、Na、Ca 的铝硅酸盐矿物。在物理风化作用下，长石类矿物易沿解理面破碎；在化学风化作用下，易受各种酸（主要是碳酸和有机酸）的作用而分解，释离出 K^+、Na^+、Ca^{2+} 等阳离子，同时水化而逐渐变为水云母，此时晶格由架状结构转变成层状结构。水云母在酸性介质条件下继续分解，游离出部分 SiO_2 而形成高岭石，在碱性介质条件下，则生成蒙脱石。高岭土在湿热的气候条件下，经去硅作用游离出的 SiO_2 生成蛋白石，剩下的 Al_2O_3 则形成含水的氧化铝矿物。不同种类的长石，抵抗风化的能力

有所不同，钾长石比斜长石稳定，斜长石中的酸性斜长石又较基性斜长石稳定。因此，在沉积岩中较为常见的碎屑长石是钾长石和酸性斜长石。

② 铁镁矿物：主要指含 Fe、Mg、Ca 的硅酸盐矿物，如橄榄石、辉石、角闪石等。这类矿物的稳定性较低，其中橄榄石最易风化，辉石次之，再次是角闪石。因此，它们在沉积岩中的含量甚低。在化学风化作用下，尤其是在碳酸的作用下，这类矿物首先分解出 Ca^{2+}、Mg^{2+}、Fe^{2+}，形成重碳酸盐，溶于水中被带走。在氧化作用下，这类矿物中的低价铁氧化成高价铁，形成含水的氧化铁矿物而残积在风化地区，故其风化产物多呈红色、褐色及棕色。

③ 石英：为最稳定的造岩矿物，在风化过程中几乎只发生机械破碎，不易发生溶解。因此，母岩风化进行得愈彻底，石英在风化产物中的相对含量愈高。

④ 云母类矿物：白云母稳定性较黑云母高，故在沉积岩中前者较常见。白云母在化学风化作用下可以分解转变为水云母或高岭石；黑云母风化后形成含水的氧化铁矿物及黏土矿物，其部分阳离子则被淋滤。

⑤ 黏土矿物：为沉积岩的重要造岩矿物。由于此类矿物是在地表条件下形成的，故在一般风化作用下只发生机械破碎，而不发生化学分解，只有在较强的化学风化作用下才进行分解。例如，水云母在酸性介质条件下可风化为高岭石；在碱性条件下可风化成蒙脱石。

⑥ 碳酸盐矿物：主要为方解石和白云石，分别是石灰岩和白云岩的主要矿物成分。这类矿物在酸性水中极易溶解，而在极干燥的气候条件下，可由物理风化作用破碎成碳酸盐岩碎屑。

不同的岩石由于化学成分的不同，其化学活动性也明显不同，容易被氧化、溶解的岩石出露区，总是化学风化作用较为强烈的地段。同一岩石中由于不同矿物成分的差异，也会造成风化作用的差异（图 3-28，图 3-29）。

图 3-28　含泥质条带灰岩的差异风化现象

图 3-29　白云质灰岩中常见的刀砍状和太婆脸构造

地球表面过程

（2）岩石的稳定性（岩石组成矿物的成分）

岩石中不同的物质成分具有不同的物理特征，还会形成不同的结构、构造，造成差异风化（图3-30），抗风化强的砂岩会凸起，而抗风化弱的页岩会凹陷。差异风化又称为差别风化，指在地面出露的、同时存在的抗风化性能不同的岩石，因风化程度的不同，在形态上表现出凹凸不平或参差不齐的地貌。在沉积岩地区，巨厚层岩石中的差异风化可以帮助我们确定岩层的产状。

图3-30　差异风化示意

不同的矿物成分，其颜色、热导率、膨胀系数也有差异。均质的岩石在这些方面比较一致，不容易风化；非均质岩石则比较容易风化。如花岗岩比石英砂岩容易风化，当它们出现在同一地区时，正地形的位置出露的总是石英砂岩；对于岩浆岩来说，基性岩中含有较多的暗色矿物，热胀冷缩不均，且含有较多的低价Fe、Mg、Ca的硅酸盐，一般来说基性岩较酸性岩容易风化。

3.2.2 主要环境因素(外在因素)

3.2.2.1 气候因素

气候是影响风化作用的基本要素。气候的两大要素(降水和气温)对风化作用的方式和强度影响很大。

首先,水是所有化学风化作用的最基本反应物与反应介质,因此化学反应在水贫乏地区(如沙漠)受到抑制。降水量和湿度通过介质的温度变化、水溶液成分的变化、植被的生长来影响物理、化学风化作用(图3-31)。

a. 在埃及　　　　　　　b. 在纽约

图 3-31　埃及克雷帕特拉石柱

在干燥的埃及历经 3500 年的克雷帕特拉石柱依旧保存完好,移至较湿润且空气污染严重的纽约仅 75 年就面目全非

其次,温度也很重要,温度可通过控制化学反应速度来控制化学风化作用的进行,同时又直接影响物理风化作用,如温差风化、冰劈作用。

地球表面过程

在地表的不同气候带，气候条件相差很大。在高温潮湿的热带地区，水量充沛，植被发育，一般以化学风化为主，化学反应的速度较快，潮湿的气候使得化学风化作用中的溶解作用、水解作用易于发生，水化学作用也会影响化学反应，如酸的存在可以加强水解反应，且溶解的氧化性物质能够促进氧化反应的进行。风化作用的深度往往达数米，如果这些地区气候在较长时间内保持稳定，岩石的分解作用便能向纵深方向发展，形成巨厚的风化产物。这种气候条件也是形成风化矿产——铝土矿最有利的条件。温带地区则化学风化和物理风化大致相等。寒冷的极地或干燥的沙漠地区，以物理风化占优势。干燥炎热的气候使得氧化作用容易进行，干旱的沙漠地区温差风化、盐类的结晶和解潮作用较明显。寒冷且温差较大的气候有利于冻融风化的进行。不同气候带的风化作用类型和发育程度不同（图3-32）。

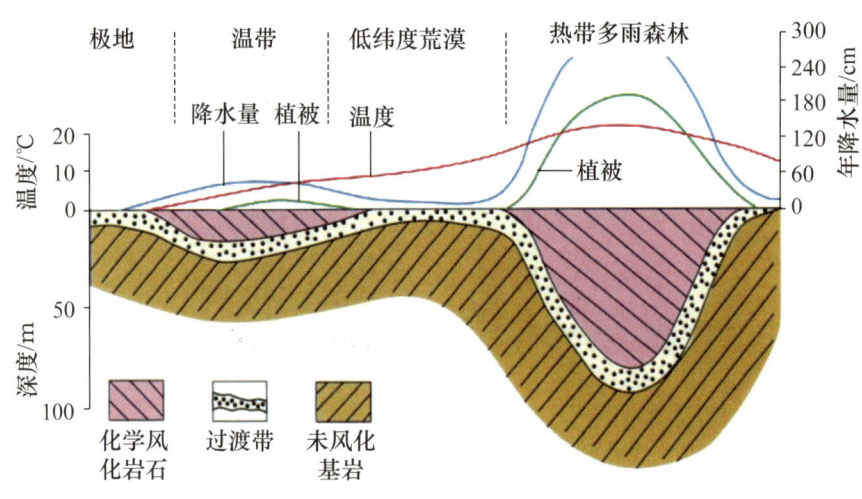

图 3-32 从极地到热带风化作用变化示意

极地严寒，降水以雪为主，物理风化最为强烈，几乎没有化学风化。热带、亚热带高温多雨，化学风化强烈，常可达到风化作用的终极阶段。温带，气候条件适中，化学风化和物理风化发育程度大致相当。干旱荒漠区温差大，雨量小，物理风化作用很强烈。

3.2.2.2 地形地势因素

地势高低间接影响气候，进一步影响风化作用的方式和强度。在中低纬度高山地区具有明显的气候带，山麓气候炎热，山顶寒冷。因此在山体的不同高度，风化作用的类型和方式也不相同。如喜马拉雅山南坡在不同海拔高度上出现不同的植物带：海拔 2500 m 以下为常绿阔叶林和热带季雨林；2500～3900 m 为落叶阔叶林和针叶林；3900～5200 m 为高寒灌丛、草甸；5200～5500 m 为高山寒冻冰碛地衣带；5500 m 以上为高山冰雪带。山顶雪线附近主要是冻融风化，山麓植被浓密，覆土很厚。由高到低，由物理风化为主，逐渐转变为以化学风化为主。

地形起伏控制侵蚀速率，因而会影响物理风化和化学风化的强度。在高山地区，地势高差大，侵蚀速率快，风化产物来不及进行化学分解就迅速转入搬运过程，因而，高山地区物理风化极其显著。而地势低的平原等地区，侵蚀速率慢，化学风化进行得较彻底。

坡度大小影响风化作用的速度和方式。陡坡处地下水面深，植物少，物理风化作用强烈，基岩裸露又促使物理风化的持续进行；在缓坡或平凹区，地下水面浅，植被发育，化学风化作用和生物风化作用表现强烈。

山坡坡向也影响风化作用的速度和方式。阳坡日照强、雨水多、植被多，化学风化作用较强；阴坡日照弱、易积留冰雪，物理风化作用较强。如喜马拉雅山，南坡面临印度洋，气候湿热，化学风化作用很强烈；北坡干冷，主要发育物理风化作用。

3.2.2.3 生物因素

生物对岩石的破坏方式，既有机械的，又有化学的，尤以后者更为重要。几乎所有的化学风化作用都与生物作用有关。从在坚硬的岩石表面出现生物（微生物、苔藓等先锋植物）起（图3-33），化学风化作用就开始了。由于生物吸收的成分与岩石成分有较大的差异，造成了岩石的风化。同时，生物的新陈代谢过程所产生的氧气、二氧化碳，分泌的有机酸等物质，也促进和加速了化学风化的进程。

图 3-33　长满苔藓、地衣的岩石

对植物灰分的分析表明，生长在岩石表面或裂缝中的植物，其灰分的化学成分与岩石的成分有很大的差异，灰分中P、S的含量比岩石高出数十倍，K、Na、Mg的含量也高出几倍。同时，灰分中含有Si、Al等物质表明，植物从岩石中获取主要养分，但同时又会破坏岩石中硅酸盐的晶格结构。

3.3 风化作用的产物
Products of weathering

岩石遭受风化作用后其最终结果是形成各种风化作用的产物。这些产物可以分为两大类——移动型和残积型。

移动型产物在风化作用中移动一定的距离，这些产物有可能随水溶液的搬运而流失，也可能在某个合适的地段重新沉积下来，形成新的矿床。

未移动的、残留在原地的风化产物称为残积物，是陆相沉积物的一种重要类型。

3.3.1 倒石堆

在山区的陡坡，岩石风化作用崩落的岩块、岩屑和其他残积物在山脚处形成的锥形堆积物称为倒石堆（岩屑堆），其形态和规模与崩塌陡崖的高度、陡度、山坡坡麓的坡度等因素有关。其特点是分布在陡坡地带，形态上尖下宽，砾石大小混杂、棱角分明、分选性、磨圆度都很差。倒石堆锥顶的堆积物粒度较小，根部的堆积物粒度较大，砾石成分与山坡上岩石一致，就地取材，不具层理（图3-34）。

地球表面过程

图 3-34　倒石堆及其分布示意

3.3.2　残积物

　　残积物是地表岩石经受物理破坏和化学风化后，残留在原地的堆积物。根据风化作用方式和风化作用强度的不同，残积物可分为机械风化残积物和化学风化残积物两类。前者主要由母岩机械破碎的岩屑或矿物碎屑组成；后者主要由化学风化形成，其组成除了母岩机械破碎的岩屑或矿物碎屑外，主要为母岩化学分解后形成的一些新生矿物，如各种黏土矿物（水云母、胶岭石、高岭石等）及硅、铝、铁、锰等的含水氧化物矿物（如蛋白石、水铝石、褐铁矿、水锰矿等）。其特点是：分布于缓坡山包，表面平坦，底部起伏不平，其形态、厚度、规模变化较大；结构疏松，成分以残留稳定矿物为主，亦有岩石碎屑。

> **小栏目**
>
> 残积物、坡积物、洪积物和冲积物有什么区别？
>
> 残积物是岩石风化后残留在原地的碎屑物质，具有多层结构的残积物剖面称为风化壳；坡积物又称为坡面流水沉积物，是较高处的岩石风化后由坡面上水流冲刷与携带作用沿斜坡向下运移，滚落在坡脚和坡麓的堆积物，分选性和磨圆度一般较差；洪积物是由山洪携带的砂粒、石块等在山前谷口一带的堆积物，洪积物的分选性和磨圆度均较差，但从水平分布看，扇顶部分沉积物比较粗，向着扇体边缘逐渐变细及至扇底前缘可出现黏土；冲积物通常指河流沉积物质，主要为砂、粉砂、黏土，分选性较好、磨圆度较好，具体如图3-35所示。

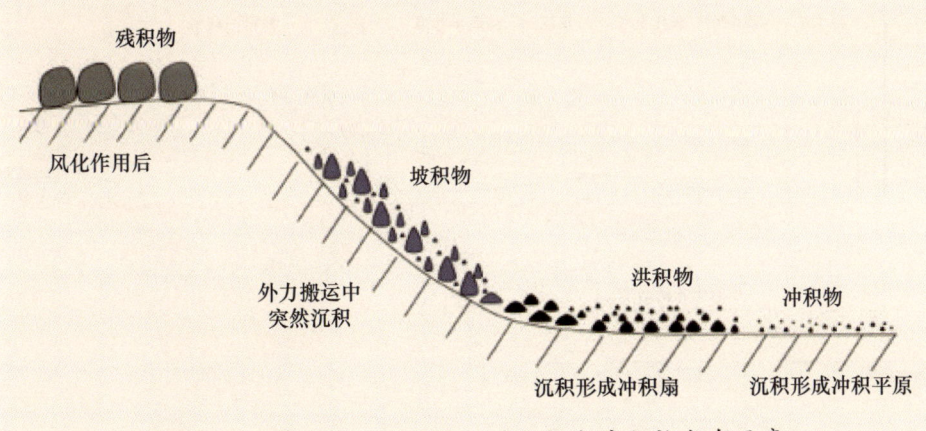

图3-35　残积物、坡积物、洪积物和冲积物分布示意

3.3.3 风化壳

3.3.3.1 风化壳的概念及形成因素

风化壳是在陆地表面由岩石风化产物（残积物和土壤）在大陆岩石圈表层所构成的、呈不连续分布、厚薄不均的疏松薄壳。它是岩石圈、水圈、大气圈、生物圈相互作用的产物。

组成风化壳残积物的成分及其厚度的变化，取决于各种风化作用因素的组合效果（图3-36）。形成巨厚风化壳的有利因素包括高温、高湿度、平坦的地势、茂盛的植被、含多种矿物质的岩石和长期的风化作用。在地壳处于

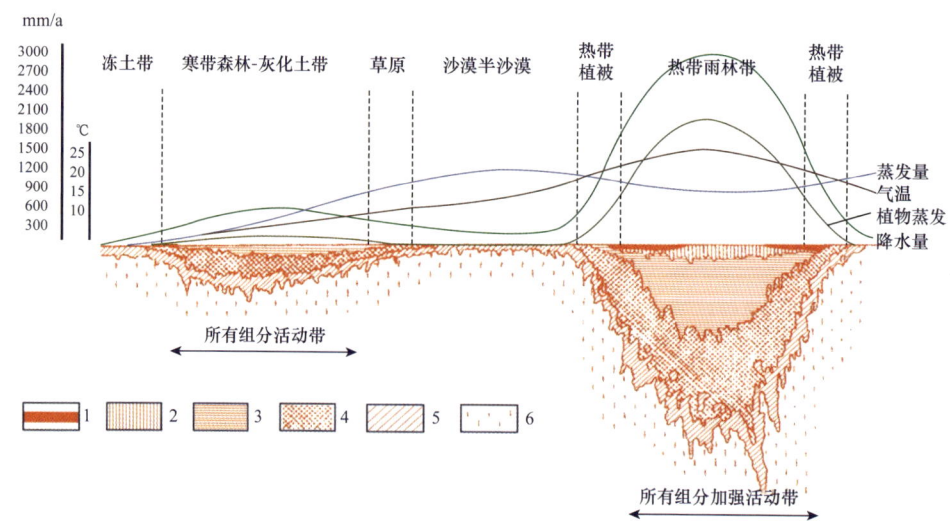

1. 褐铁矿或铝土矿帽；2. 赭石(Al_2O_3)带；3. 高岭石带；4. 水云母-蒙脱石带；5. 碎石带；6. 新鲜岩石

图3-36 各种不同类型的地壳单元风化壳厚度与气候的关系

抬升阶段的造山带，由于其他外动力地质作用很强烈，河流切割、重力滑坡等方面的作用往往在没有形成风化壳或只有很薄的风化壳时就将岩石破坏，因而不容易形成厚的风化壳。

热带雨林地区由于温度高、降水量大、生物作用等因素都非常活跃，加上植被覆盖，残积物不容易遭受破坏，因此可以形成巨厚的风化壳。寒带森林-灰化土带由于大气降水的减少和温度的降低，风化壳的厚度大大减小。沙漠半沙漠地区由于降水量小、蒸发量大，风化作用以物理风化为主，其风化壳的厚度很有限。从图3-36可以看出，在其他条件相同的情况下，降水量越大的地区，风化作用也越强烈。

3.3.3.2 风化壳剖面

风化壳的剖面结构由上至下一般可分为四层（图3-37）。

Ⅰ 土壤层：常呈灰、褐灰或灰黑，由黏土矿物和腐殖质组成，质地疏松，根系发育。厚薄不一，一般以20～50 cm较多。土壤层是残积物经生物风化作用改造的产物。

Ⅱ 残积层（强风化层）：常呈黄褐、褐红色，由黏土矿物组成，质地较疏松，原岩的结构、构造消失，不含腐殖质。

Ⅲ 半风化岩石：只由轻微风化的岩石

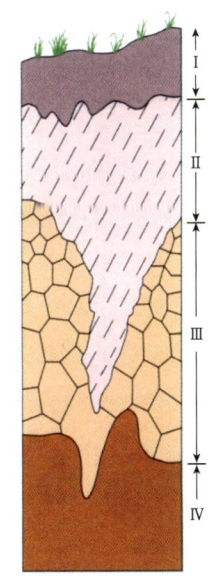

Ⅰ.土壤层；Ⅱ.残积层；
Ⅲ.半风化岩石；Ⅳ.基岩

图3-37 风化壳剖面

组成，原岩构造大致保留，较致密，但多裂隙。

Ⅳ基岩：未受风化的岩石。

实际上，不同种类岩石形成的风化壳的分层也不一样，有的分层很完整，如花岗岩、黏土岩等，而有的风化壳只有土壤层、残积层，如灰岩等。风化壳各层逐渐过渡无明显界线。各层厚度受原岩结构和风化强度影响较大。

风化作用强度由地表向地下逐渐减弱，因此具有垂直分带性。

3.3.3.3 风化壳的主要类型

不同气候条件形成的风化壳类型不同，可分为如下几种：

①岩屑（机械）型风化壳：主要形成于寒带或高山寒冷气候。岩石以物理风化作用为主，发生机械破碎、崩解。

② 硅铝-氯化物、硫酸盐或碳酸盐型风化壳：主要形成于干旱或半干旱气候带。在物理风化作用的基础上，化学风化作用开始加强。典型矿物有岩盐、石膏、方解石等。

③ 硅铝-黏土型风化壳（又称为高岭石型风化壳）：主要形成于温湿气候带。长期的化学风化作用，水溶液呈酸性，使硅酸盐矿物分解，形成高岭石等黏土矿物。

④ 砖红土型风化壳：主要形成于湿热气候带。化学风化作用较彻底，硅酸盐矿物已全部被分解，残余的硅、铝、铁元素在地表形成稳定的氧化物和氢氧化物。典型矿物有铝土矿、褐铁矿、水赤铁矿、针铁矿等（表3-1）。

表 3-1 主要风化壳

风化壳类型	风化条件	风化作用及元素迁移特点	标志元素	标志矿物
岩屑（机械）型风化壳	高寒气候（寒带及高山高寒地区），生物作用弱	岩石受微弱的化学和生物化学破坏，元素迁移作用弱，以机械破坏为主		经轻微化学变化的岩块
硅铝–氯化物、硫酸盐型风化壳	干旱气候，生物作用弱	碱金属元素部分析出，形成并堆积氯化物、硫酸盐类矿物	Cl、Na、S (Ca、Mg)	岩盐、硬石膏、芒硝、蒙脱石
硅铝–碳酸盐型风化壳	温带半干旱气候，有机酸起积极作用	碱金属元素析出和碳酸盐的富集（主要是$CaCO_3$）	Ca、Mg、(Na)	方解石、白云石、高岭石、蒙脱石
硅铝–黏土型风化壳（高岭石型风化壳）	温带潮湿气候，有机酸起积极作用	碱金属元素已析出，Al_2O_3、Fe_2O_3被带至下层堆积，SiO_2在表层堆积	Al、Fe、Si	水云母、高岭石、绿高岭土、Fe、Al的氢氧化物
砖红土型风化壳	湿热的热带、亚热带气候，有机酸作用强	SiO_2及碱金属被带走，Al_2O_3、Fe_2O_3堆积	Al、Fe、Si、Mn	Al、Fe的氢氧化物及SiO_2（蛋白石）、高岭石

从风化壳剖面的研究可以发现，岩浆岩的风化过程具有一定的顺序性。

第一阶段：主要以物理风化作用为主，剖面中以原岩的碎块累积为特征；

第二阶段：这一阶段可以见到碱金属或碱土金属元素的析出，在残积物中形成方解石薄膜或方解石结核；

第三阶段：硅酸盐的晶体格架和化学成分都发生了深刻的变化，并形成高岭石一类的黏土矿物；

第四阶段：矿物继续分解，风化壳富集铁、铝元素和铁的氧化物、氢氧化物。

风化壳的形成过程是复杂的，风化作用的阶段性只是一般的规律，各阶段之间也没有明显的界限。

大面积保留的发育良好的风化壳，称为区域性风化壳。区域性风化壳通常发育在剥蚀作用较强的、被逐渐夷平的山区或平缓的山坡和溢流火山岩台地。沿造山带平缓地段发育的成带状分布的风化壳称为带状风化壳。

3.3.3.4　研究风化壳的意义

在地质历史中，长期稳定的陆地可以形成较厚的风化壳，其一旦被沉积物掩埋即成为古风化壳，古风化壳对古气候、古环境及构造活动等具有指示意义。

地壳在相对稳定期或缓慢上升期可以形成较厚的风化壳，因此在沉积岩剖面中如果存在古风化壳便可以认为该区曾经有过地壳运动，使得沉积盆地一度露出水面，发生沉积间断，并且风化壳形成的时期是地壳活动相对稳定的时期。例如，我国华北地区中奥陶统上面覆盖了中石炭统的地层，中间就发育有数十厘米到数米厚的风化壳，表明奥陶纪晚期华北地区发生了地壳运动，使华北板块露出水面，之后是长达一亿年的相对稳定的风化、剥蚀期。

风化壳的性质与风化作用的环境密切相关,通过风化壳的物质成分、颜色可以判断古气候和氧化–还原环境。如红色的风化壳通常形成于有干燥炎热气候条件的地区,暗色的风化壳则形成于降水量大、有机质含量多的地区。

由于岩石中矿物的抗风化能力不同,随着风化作用的进行,风化壳将保留某些特殊的矿物或成分,形成特殊的矿产。风化作用形成的矿产可大致分为两种类型——残积型矿床和残余型矿床。

残积型矿床主要为砂矿,如锡石、金刚石、自然金、铂等。其成因是风化过程中容易被风化的矿物被分解带走,而抗风化能力强的矿物则被保留下来,堆积成矿。含金刚石的金伯利岩筒在风化剥蚀后形成金刚石的富集带就是这个原因(图3-38)。

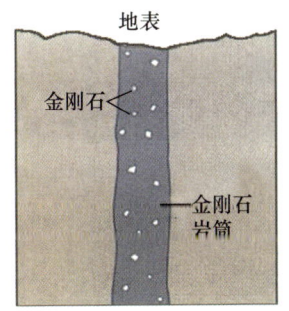

图 3-38 风化作用中金刚石富集过程示意

残余型矿床则是风化(尤其是化学风化)过程中矿物被分解,部分活动的组分随水溶液而流失,较稳定的组分则残留下来形成矿床。如广泛分布于我国东南地区的残余型高岭土矿、福建漳浦的三水型风化铝土矿、华中火山凝灰岩中的残余型钴土矿等。

风化淋滤残积型铁矿也是铁矿床的重要类型,含铁矿物主要是赤铁矿和褐铁矿,其特点是含铁品位高,可达60%~70%。

地球表面过程

风化型矿床的分布范围一般与其下伏的母岩分布范围大致相当，因此风化型矿床除了自身的工业价值外，还是寻找原生矿床的重要标志。

研究不同地区、不同构造单元中风化壳的不同性质和发育程度，对工程建筑具有重要意义，尤其是工程的地基处理，对工程的稳定性至关重要。如高层建筑物、铁路路基的地基稳定性问题，水库库底的渗漏问题等，都需要对风化壳进行详细的调查研究。

> **小栏目**
>
> 1. 对比热带雨林、寒带森林的风化壳厚度。
> 2. 地壳在相对稳定期或缓慢上升期可以形成较厚的风化壳。若在沉积岩剖面中发现古风化壳，试推断当时的地壳运动情况。
> 3. 热带雨林地区由于温度高、降水量大、生物的作用等因素都非常活跃，加上植被覆盖，残积物不容易遭受破坏，因此可以形成巨厚的风化壳；寒带森林——灰化土带由于大气降水的减少和温度的降低，风化壳的厚度大大减小。在其他条件相同的情况下，降水量越大的地区，风化作用也越强烈。
> 4. 可以推断该地区曾经有过地壳运动，使得沉积盆地一度露出水面，发生沉积间断，并且在风化壳形成的时期是地壳活动相对稳定的时期。

3.3.4 土壤

土壤是地壳最上层风化作用的形成物，是具有肥力和富含有机质成分并有特殊结构类型的地球陆地表面层。土壤的产生和发育是很多因素综合作用于岩石的结果，这些因素包括水、空气、动植物及其产生的有机质、太阳能等。

土壤不仅是地质历史、自然条件的记录,同时也是人类经济活动的记录。

自然界中生物圈的演进、循环使大量的有机质保留在地壳的表层,生物体死亡之后,残骸的有机质会发生分解,这个过程对土壤的形成具有重要意义。如果生物残骸的有机质快速彻底地分解,容易产生充分的矿化,对土壤的发育意义不大;如果地壳表层中的氧气提供不足,生物残骸不能充分分解,则会形成新的相对稳定的有机质综合体,即腐殖质或腐殖土。腐殖质通常呈黑色或褐色,是土壤肥力的主要要素(图 3-39)。

图 3-39 富含腐殖质的东北黑土地

土壤中矿物颗粒活跃的分解作用和有机质成分的分解,构成了土壤的特殊结构,使土壤疏松、孔隙度增大、空气和水易于流通。

土壤的成分及其分布取决于区域的气候环境、基底岩石的化学成分等因素，不同的因素组合会形成不同的土壤。我国幅员辽阔，东西南北区域不同，其自然地理、气候环境、岩石性质、构造背景等因素也迥然不同，各地区土壤的颜色也有很大的差异，形成了"五色土"。

拓展阅读

中国五色土及其大致地理分布

中国的五色土分别是指青、红、黄、白、黑五种颜色的纯天然土壤，分布情况如图3-40。

图3-40 中国的五色土

① 黑土：主要分布在我国东北平原，因为这里湿润寒冷，微生物活动较弱，土壤中有机物分解慢，积累较多，所以土色较黑。

② 黄土：主要分布在我国黄土高原，这里的土壤呈黄色，这是由于土

壤中有机物含量较少的缘故。

③ 红土：主要分布于长江以南的低山丘陵区，包括江西、湖南两省的大部分，滇南、湖北的东南部，广东、广西、福建北部，贵州、四川、浙江、安徽、江苏等的一部分，以及西藏南部等地。

④ 青土：主要分布在我国的东部地区，因为在排水不良或长期被淹的情况下，红土壤中的氧化铁常被还原成浅绿色的氧化亚铁，土壤便成了灰绿色的，如某些水稻田。

⑤ 白土：主要分布在我国的西部地区，这些地方含有较高的镁、钠等盐类的盐土和碱土常为白色。

正常的土壤在剖面上由上往下可以划分出的层次如图3-41和图3-42所示。

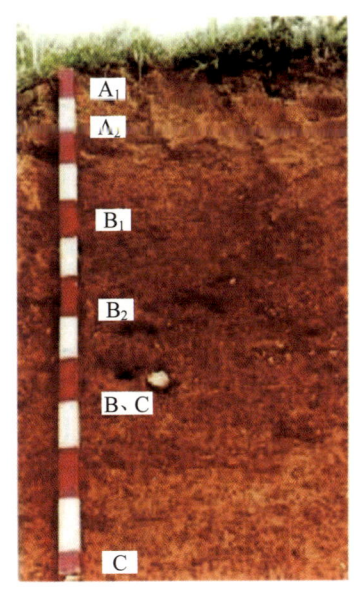

图3-41 土壤剖面

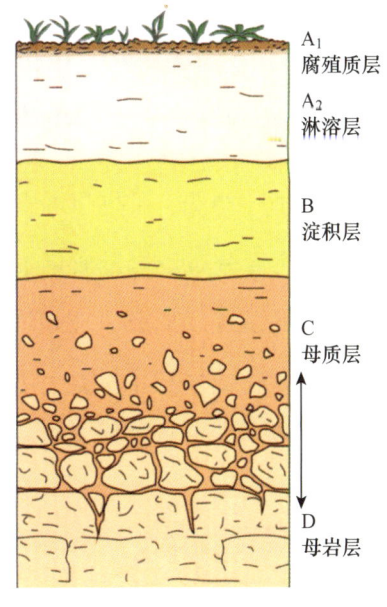

图3-42 土壤剖面分带

地球表面过程

腐殖质层（A_1）：为有机质积聚层。由于腐殖质的累积，腐殖质和矿质养料含量丰富，且结合紧密，多呈良好的团粒结构，土色较深。

淋溶层（A_2）：为物质淋溶层。由于雨水的淋溶作用，土体中易溶性盐类及铁、铝水化物、腐殖质胶体受到淋失，向下移动，使该层腐殖质及养分含量减少，土色较浅。

淀积层（B）：为淋溶物质淀积层。A层淋溶下移物质淀积而成，矿质养分含量丰富。

母质层（C）：位于淀积层之下，是未受淋溶和淀积作用、化学风化发育程度很低或未发育的岩石风化层。

母岩层（D）：为不同类型的未遭受风化的原岩。

各类不同的土壤，其剖面组成也不尽相同。

在不同地区、不同气候条件下土壤的特征是不一样的，土壤的类型与分布主要与气候带有关。主要的土壤类型有红壤、黄壤、棕壤、褐土、黑土、黑钙土、栗钙土、荒漠土、冰沼土、水稻土和盐碱土等。如我国东北地区分布的黑土与黑钙土主要形成于温带-寒温带气候；我国南方地区分布的红壤与黄壤主要形成于热带-亚热带的湿热气候；我国西北地区分布的栗钙土、钙土和盐碱土主要分布于干旱或半干旱气候。

土壤不仅现在可以形成，在地质历史时期也可形成，后者称为古土壤，它们保存在沉积物或岩层中。在一些第四纪陆相沉积物中可以见到被埋藏的土壤，这些土壤已从生物圈的循环中退出，不能再补充腐殖质，特别是被埋藏的有机质或腐殖质已经分解蜕变，因此不能再复苏。古土壤是研究和恢复古气候、古环境的重要依据。

第 4 章

侵蚀作用

地球表面过程

4.1 风蚀作用及其产物
Wind erosion and its products

风的地质作用（风成作用）是指气流对地球表面物质的动力作用及其相关的过程。主要表现在破坏地表松散岩石，使之破裂、粉碎、磨蚀，并把地表的松散物质搬运到其他地方沉积下来，形成特殊的地貌景观。风的地质作用包括风蚀作用、搬运作用和沉积作用。前二者是破坏作用，后者是建造作用。

风的地质作用具有下列特点：

① 盛行于干旱、半干旱地区以及无植被的海滩、河滩、湖岸泥沙质地面，强度取决于风的类型和风力的大小。

② 呈面状分布，其运动无固定的渠道和方向（不像河流），受地表限制少。

③ 纯机械作用，仅使岩石的物理性质发生改变，而不改变岩石的化学性质。

④ 主要呈紊流状态，沙粒在气流中运动的力学机制与河水中的泥沙运动相似，是借助气流的冲击力和上举力使沙粒起动的。

风的地质作用主要表现为风沙流的破坏作用。由于紊流的上举力作用使风沿地表吹动时携带一些沙粒、尘土，形成风沙流。使一定粒径的沙粒脱离地表进入气流中移动的临界速度称为起沙风速或起沙风。风沙流中的含沙量随风速、距地面高度变化而变化。风速愈大，风沙流含沙量愈大，沙粒粒径愈大；愈靠近地面，含沙量愈大。绝大部分颗粒都集中在距地面 30 cm 以内运动，特别集中在 10 cm 以内运动。如风速为 5 m/s 时，在 0 ~ 10 cm 的高度上含沙量占 90%。

4.1.1 风蚀作用

风蚀作用是指风以自身的力量和所携带的砂石对地表岩石、松散沉积物的破坏作用。风蚀作用包括吹蚀作用和磨蚀作用。

4.1.1.1 吹蚀作用

吹蚀作用，又称为吹扬作用，是指因气流压力的直接作用，使地面松散岩石遭到破坏、粉碎或被吹走的作用。在风的吹蚀作用下，一些松散堆积中的细小颗粒被风吹走，砾石将留在原地，往往形成戈壁（图 4-1）。

图 4-1　戈壁（砾质荒漠）

在戈壁滩上往往可以见到砾石表面覆盖着一层黑黑的荒漠漆,是由于毛细水的大量蒸发,使铁、锰氧化物残留在荒漠表面而形成的(图 4-2)。

图 4-2　荒漠漆

吹蚀作用发生的条件主要有两个:风速大及适宜的地面状况(有产生涡流,形成上举力的地形条件;地面干燥,颗粒之间维系力小;地表起伏小,阻力小)。吹蚀的程度取决于风力的大小、松散物的粒径和地面植被发育状况。

吹蚀作用在风速大、植被稀少及松散物覆盖区尤其强烈。所以吹蚀作用主要见于沙漠及海滩等地。实际上,风的吹蚀作用很少单独进行,通常是与磨蚀作用一起发生的。

4.1.1.2　磨蚀作用

风夹杂着一些硬颗粒对地面岩石、松散碎屑物表面冲击、摩擦和钻进岩石裂隙、凹坑中旋磨的过程称为磨蚀作用。一般而言,风的磨蚀作用远远大于吹蚀作用,而磨蚀作用的强度,除和风力大小有关外,还取决于碎屑挟带量、距地面高度和地面岩性。

磨蚀作用在狭窄的山谷、大裂缝带以及被烘热的沙漠盆地最为强烈。因为这些地区经常产生粉尘涡流,这种涡流裹挟地表由物理风化形成的松散物质,并向上抛起、打碎,这种作用反复进行可使地面逐渐变深形成下陷,且长期作用会使下陷越来越深。

风的磨蚀作用对岩石有极强的破坏力,将普通玻璃置于风沙流中,数日后即变成磨砂玻璃,表面出现了许多风沙磨蚀的小坑,很粗糙。被风刮起的无数粉尘、砂砾对岩石的各个部位,尤其是突起部位进行磨削,在岩石表面留下凹坑、网眼、沟槽、划痕等。

沙漠中经常可以见到被风磨蚀成边棱明显、具有多个磨光面的砾石——风棱石(图4-3)。一般认为,风棱石的形成是风从多个方向对砾石磨蚀,或某种外因(大风、风向改变或流水)使砾石翻转再磨蚀而形成的,风棱石边角奇异,油光滚圆。原地的风棱石可以用来判断风向,风成沉积物中定向排列的风棱石可以用来判断古风向。

狭窄山谷由于风力较强,斜坡上的突出岩石经常被削平、磨光。被风所破坏的峭壁形态很大程度上取决于岩石的成分和构造。风会以惊人的准确性选择岩石中最薄弱的位置进行破坏,将软的地方磨损成坑,而后产生坑内旋风,磨损成洞。在岩壁上留下各种小坑、孔穴、沟槽等。由多矿物组成的岩石,其表面由于差异风化形成小坑,再经风沙在其中旋转磨蚀而形成蜂窝石(或石窝、石格窗、风蚀壁龛)(图4-4)。

在季风盛行地区,连古老的道路、车辙印迹等都会在风的磨蚀下不断地加深、扩大。如黄土高原的许多沟壑就是古道路在风的成沟作用下发育而

地球表面过程

图 4-3 沙漠中常见的风棱石

成的。由于风所携带的碎屑物从地面往上颗粒逐渐变小,其磨蚀能力也从地面往上逐渐减弱,这种磨蚀的结果是形成了一些特殊的蘑菇状风蚀地貌(图 4-5)。另外,沙漠地区常可见电线杆基部磨蚀变细。

有时,风的磨蚀作用以一种平吹作用的形式出现,风可以大面积地吹走地面上松散的土壤。对含有硬结核的松散岩石,常形成一些奇特的微地貌,如含有较硬成分的砂岩,常形成一些树干、树桩似的地貌(图 4-6,图 4-7)。

吹蚀和磨蚀作用密切相关,相互影响,吹蚀引起磨蚀,磨蚀促进吹蚀,吹蚀使风沙为磨蚀提供了动力,而磨蚀所产生的碎块、砂、尘土,为吹蚀创造了有利条件。由于吹蚀、磨蚀的共同作用,地表产生了特有的风成地貌形态。

图 4-4 差异风化与风的磨蚀作用形成的蜂窝石　　图 4-5 磨蚀作用形成的蘑菇状地貌

图 4-6 风蚀作用形成的风蚀柱　　图 4-7 罗布泊的风蚀柱

地球表面过程

拓展阅读

风的分级

风的强弱,通常用风力等级来表示,共分为17个等级。而风力的等级,可由地面或海面物体被风吹动的情形加以估计。表4-1中列出了1~17级风的特征,其中13~17级风的破坏程度极强。

表4-1 风的分级表

风级和符号	名称	风速/m	陆地物象	海面波浪	浪高/m
0	无风	0.0~0.2	静,烟直上	平静	0.0
1	软风	0.3~1.5	烟能示风向,但风向标不能转动	微波峰无飞沫	0.1
2	轻风	1.6~3.3	人面感觉有风,树叶有微响,风向标能转动	小波峰未破碎	0.2
3	微风	3.4~5.4	树叶及微枝摆动不息,旌旗展开	小波峰顶破裂	0.6
4	和风	5.5~7.9	吹起尘土、纸张和地上树叶,树的小枝微动	小浪白沫波峰	1.0
5	劲风	8.0~10.7	有叶小树枝摇摆,内陆水面有小波	中浪折沫峰群	2.0
6	强风	10.8~13.8	大树枝摆动,电线呼呼有声,举伞困难	大浪白沫离峰	3.0
7	疾风	13.9~17.1	全树摇动,迎风步行感觉不便	破峰白沫成条	4.0
8	大风	17.2~20.7	折毁树枝,人向前感觉阻力甚大	浪长高有浪花	5.5
9	烈风	20.8~24.4	建筑物有损坏,烟囱顶及屋顶瓦片移动	浪峰倒卷	7.0
10	狂风	24.5~28.4	陆地少见,拔起树木,建筑物严重受损	海浪翻滚咆哮	9.0

(续表)

风级和符号	名称	风速 /m	陆地物象	海面波浪	浪高 /m
11	暴风	28.5～32.6	陆地很少,有则必有重大损毁	波峰全呈飞沫	11.5
12	飓风	32.7～36.9	陆地绝少,其摧毁力极大	海浪滔天	14.0
13	飓风	37.0～41.4	陆地绝少,其摧毁力极大	—	>14.0
14	飓风	41.5～46.1	陆地绝少,其摧毁力极大	—	>14.0
15	飓风	46.2～50.9	陆地绝少,其摧毁力极大	—	>14.0
16	飓风	51.0～56.0	陆地绝少,其摧毁力极大	—	>14.0
17	飓风	56.1～61.2	陆地绝少,其摧毁力极大	—	>14.0

注:风速指平地上离地 10 m 的风速值。

4.1.2 风蚀地貌

由风蚀作用形成的地貌形式称为风蚀地貌,主要有以下主要形态。

4.1.2.1 风蚀穴、石檐

风蚀穴是在陡峭的迎风岩壁上,风将岩石中的薄弱部分磨蚀成凹陷后,进一步通过风沙的旋磨作用加深形成的许多圆形或不规则椭圆形的洞穴和凹坑;石檐是相对突出的硬岩石(图 4-8)。

地球表面过程

图 4-8　新疆西北部博尔塔拉州风蚀穴和石檐

4.1.2.2　风蚀蘑菇、摇摆石和风蚀柱

风蚀蘑菇是指上大下小的蘑菇状石块，反映风沙流对岩石近地表部分的冲击、磨蚀作用较强（图 4-9），其形成机理是：① 岩石水平层理、裂隙发育；

图 4-9　风蚀蘑菇

② 岩石岩性软硬不同，上部坚硬、下部较软；③ 发生了岩石上部与下部的差异磨蚀：受高度限制，水平岩层的岩石下部受到近地面含沙量较多的风沙流的磨蚀，而上部受到含沙量较少的风沙流的磨蚀，导致岩石上下部发生差异性风化，下部磨蚀比上部快。

摇摆石又称风动石。持续的风蚀使石块下部变得很细，仅有很少部分粘连，彷佛能被大风吹动，故称为摇摆石（图 4-10）。摇摆石往往呈等轴状、巍然地卧在其他岩石上面，两者之间的接触面积很小，随时都有可能倾倒的样子。极个别情况下，大风袭来，巨石微微晃动，发出响声，故又名"风动石"。人推是否亦会轻轻摇动，完全取决于石块的体积。

大多数风动石是原地形成的，即通过差异性风化、剥蚀而来。坚硬的、难风化的、不易破碎的、裂隙少的岩石留存下来，而压在其下的软弱的、破裂多、易碎的、易水溶的岩石被剥蚀搬运而去，随着上下岩层之间的接触面积越来越小，景观就越来越奇。澳洲的风动石（图 4-11）突然像刀切西瓜一样被分成两瓣，"切口"处原来是一条发育良好的裂隙（节理）。

图 4-10 摇摇欲坠的摇摆石

图 4-11 澳洲的风动石（中间有节理）

地球表面过程

如果岩性均一，岩石的垂直节理发育的话，在风的长期吹蚀下，还容易形成孤立的柱状岩石，称为风蚀柱（图4-12）以及特殊风蚀拱桥等（图4-13）。

图4-12　强风吹蚀、磨蚀后留下的风蚀柱、风蚀残丘

图4-13　风蚀拱桥（美国阿齐斯国家公园）

4.1.2.3 风蚀谷、风蚀残丘、风蚀垄槽和风蚀城堡

风蚀谷是指干旱气候区内地表径流形成的冲沟,经风蚀作用被加宽加深,形成大小不等、纵横交错、杂乱无章、形状不规则的沟谷。经强劲风沙流长期风蚀后,顺主导风向可出现几十米至几十千米长的风蚀谷(图4-14)。

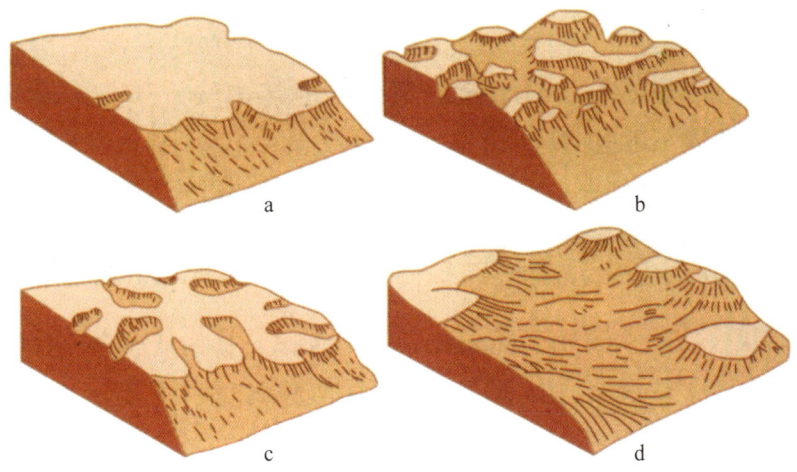

a. 沙漠区桌状高原边缘暴雨形成的冲沟;b. 风蚀谷;c. 风蚀残丘;d. 风蚀盆地
图4-14 风蚀谷和风蚀盆地的形成示意

风蚀残丘是指由风蚀谷不断扩展所残留下的岛状高地或孤丘,高10~30 m(图4-15)。

风蚀垄槽是在干旱地区的干涸的湖底,因干缩裂开,风沿裂隙吹蚀,使原来平坦的地面形成许多长条状的背鳍形垄脊和宽浅的沟槽(图4-16)。

风蚀城堡是指顶部平坦、四壁陡峭,远望似断壁残垣的古城堡状残丘(图4-17)。其形成条件是岩层产状近水平,软硬岩层相间,垂直节理发育。这

地球表面过程

种地貌在我国准噶尔盆地西南乌尔河沿岸较典型。

图 4-15　美国阿齐斯国家公园风蚀残丘地貌

图 4-16　风蚀垄槽

图 4-17　新疆准噶尔盆地的风蚀城堡

拓展阅读

新疆"魔鬼城"

在新疆克拉玛依市东北部,有一座奇特的风城,人称"魔鬼城"。"魔鬼城"座落在海拔 300～400 m 的山丘上,面积约 60 km²。其实,它并非是城,也非魔鬼所为,而是千百万年来为风力所塑造,地质学上称为雅丹地貌的风蚀城堡。整个城堡呈赭色,表层由红土组成,扒开薄薄一层红土,即出现岩石。这种岩石在长期的风化、风力磨蚀、重力崩塌以及流水的溶蚀、切割等综合作用下,加上各岩石之间在硬度上和其他性质上存在着差异,因而形成了一些平台、方山、峰林、石谷以及针、柱、棒状等特有的地貌景观。这些残余的平顶小山,状似颓废破败的城堡,或像断壁残墙的建筑物,所以当地的蒙古人或哈萨克人说它是鬼城。其实,说它是"魔鬼城"也不是没有道理的。每当大风天气,风在"城"中肆虐,发出"呜——呜——"的怪叫声,真有点像神话中魔鬼的狂嗥。

地球表面过程

4.1.2.4 雅丹地貌

雅丹地貌是一种典型的风蚀地貌，又称为风蚀垄槽，或者称为风蚀脊，是湖相的土状堆积物发育的风蚀土墩、风蚀垄脊、风蚀沟槽与风蚀洼地等相间的地貌组合（图4-18）。"雅丹"（Yardang）这一名称最初来自新疆孔雀河下游的雅丹地区，在维吾尔语中意为"陡峭的小丘"。风蚀成因、形态上呈垄岗状、成群集中分布是雅丹地貌最重要的特征。雅丹地貌以罗布泊西北楼兰附近最典型。在世界其他干旱地区，也有类似的地貌分布。

图4-18 雅丹地貌

拓展阅读

"雅丹"与"丹霞"几乎同时出现于现代中文地学文献中，二者都有相同的汉字"丹"，"长相"也相似，是地学中最常混淆的一对地貌概念。

图 4-19　雅丹地貌　　　　　图 4-20　丹霞地貌

　　雅丹是风蚀作用为主形成的垄岗状地貌，有"风蚀雅丹"之说。"雅丹地貌"中的"丹"字是音译而来，与红色没有任何关系，雅丹地貌的颜色既可以是红色，也可以是红色以外的任意颜色。典型的雅丹地貌形成于干旱地区干涸的湖底或河、湖阶地上，大部分为未固结或半固结的砂砾岩。地壳活动导致湖（河）水退却、湖底抬升并裸露地表，强烈持久的定向风沿干缩裂隙（或构造作用形成的裂隙吹蚀），使原来平坦且固结程度不高的湖底沉积物逐渐形成一系列相间排列的鳍形垄脊和宽浅沟槽，垄脊高数十厘米至数十米，沟槽宽数米，长数十米至数百米，少数长过千米。垄脊和沟槽的延伸方面大致与主风向平行，因长时间遭受风蚀，单个垄脊常呈鳍形或流线形，迎风面通常为圆弧状，背风面细长或呈分散状。沟槽间大部分被流沙充填，沟槽间充填的流沙表面通常保留有明显的风成波纹。

　　丹霞是地表流水作用加之垂直于地表的节理共同作用形成的赤壁丹崖地貌。"丹霞地貌"指的是以红色砂砾岩为主要成分、以赤壁丹崖为典型特征并以地表水冲蚀作用为主形成的地貌景观。故有"流水丹霞"之说。丹霞地貌典型特征为身陡、顶平、麓缓，这种形态是由多种外力条件共同作用的结果，如流水作用、风化作用、重力作用等。其中主要的是流水作用，流水沿着断层和垂直节理下切侵蚀，形成深狭的切沟。流水不断地侵蚀坡面上的风化物质，使风化继续进行。此外流水对红层中的可溶性成分进行溶蚀，可以促进水动力侵蚀的加强和风化作用的进程。而在一些直立坡或者反坡等基本无流水作用的地点，风化作用更加突出。因为红层在垂向上的性质差异使得抗风化能力有很大不同，这种差异令硬岩层相对突出，而泥质或者粉砂质软岩层相对凹陷。重力作用也是不可或缺的，因为丹霞地貌的陡崖坡都是崩塌面或者是经过后期改造的崩塌面，是丹霞地貌最具有特色的形态要素，所以重力作用在丹霞地貌的发育中显得尤为重要。

表 4-2　雅丹地貌与丹霞地貌的主要异同点

地貌类型	主要成因	典型景观	颜色	地层特征	分布
雅丹地貌	主要为强风吹蚀和磨蚀	垄岗状、流线形、覆舟形、断垣状	无特定颜色，取决于原始沉积物的颜色	以第四纪半固结沉积物为主	多分布于古代河床、湖底抬升后形成的荒漠区
丹霞地貌	地表水的冲蚀、磨蚀、垂直节理发育是主要成因之一	绝壁断崖和柱状、宫殿状、巷谷式	主要为红色岩层	白垩纪至第三纪固结岩石为主	多形成于现代河水或雨水流经的坡地

4.1.2.5　风蚀洼地和风蚀湖

风蚀洼地是由风蚀作用而形成的洼地，多呈椭圆形，长轴方向为主风向，并沿主风方向伸展。被松散沉积物覆盖的低地受到风沙流长期的吹蚀，特别是背风面气流形成的涡流作用，使地面逐步降低而成大小不同的洼地。单纯由风蚀作用造成的洼地多为小而浅的碟形洼地，而一些大型的风蚀洼地面积较大。若洼地低于潜水面时，地下水汇集到洼地中可形成浅水湖，如甘肃敦煌的月牙湖（图4-21）。埃及西北部沙漠中的卡塔拉洼地面积18 000 km²，深达200～300 m，是一个规模很大的风蚀盆地。

图4-21　风蚀湖（敦煌月牙湖）

风蚀湖是由于风蚀作用反复进行，洼地加深到达地下水面以下积水而成的。甘肃敦煌的月牙湖，是由沙丘间凹地，经风蚀作用至潜水面下，得到地下水补给而成的，内蒙古巴丹吉林沙漠中的湖泊（图4-22）也是同样成因。

图4-22　内蒙古巴丹吉林沙漠中的风蚀湖

4.2 流水侵蚀作用及其产物
Erosion caused by flowing water and its products

4.2.1 流水侵蚀作用

流水侵蚀其流经的沉积物和岩石的过程，称为流水侵蚀作用，按照侵蚀方式，可分为冲蚀、磨蚀和溶蚀作用。

流水冲蚀（图4-23）也可以认为是水力作用，由于水的冲刷力使得岩石及沉积物遭到破坏，水在流过岩石和沉积物的时候，上部流速快，下部流速慢，因而在沉积物及岩石上下产生流速差及压力差，使部分较轻颗粒得以上升，松散颗粒离开河底，被水携带向下游移动，形成侵蚀。最典型的是洪水的作用，它以强大的冲击速度使得河道、河岸遭到破坏。

河水在流动的过程中，常常会携带碎屑物以及砾石等容易侵蚀河床的物质，这些碎屑物以及岩石使得河床被侵蚀破坏，同时也在磨碎着这些沉积物以及岩石，使得其到下游堆积时的粒径逐渐减小，这种作用称为磨蚀作用。

溶蚀作用是将岩石的易溶成分溶解，造成岩石的侵蚀。主要分布在含易溶矿物岩石分布广泛且数量多的地区，尤其是盐类岩石分布多的地带。最典型的是我国西南云贵高原喀斯特地貌分布区（图4-24）。

图 4-23　流水冲蚀　　　　　图 4-24　流水溶蚀

按照河流侵蚀方向进行划分，可以将河流侵蚀分为下蚀、侧蚀和溯源侵蚀。河流早期以溯源侵蚀和下蚀为主，河流发育中后期以侧蚀为主。

下蚀是指河流垂直向下侵蚀。河流下蚀的下限称为侵蚀基准面，以河流最终注入水体表面为准，侵蚀基准面可能会随着气候变化导致的海平面上升或地壳运动等发生改变。

河水冲刷河道两侧使得河床左右摆动，河床谷地加宽的作用称为侧蚀。常见的侧蚀有两种，一种是在弯曲河道由于离心力作用，使得河流水体大部分流向偏向于凹岸，水体呈现螺旋式前进，从而侵蚀物质再补充凸岸，也就是在高中教材中常说的"凹岸侵蚀，凸岸堆积"，一种是在平直河道由于地转偏向力的影响造成的侧蚀。

地球表面过程

溯源侵蚀一般发生在河流的源头，是下蚀作用的一种特殊形式。由于下蚀较强，在沟头处流水作用不断掏蚀崖壁，使崖壁下方出现较大的侵蚀空间，上部悬垂的岩石在重力作用下坍塌，导致河流源头不断向后推移。最典型的例子为瀑布。

4.2.2 流水侵蚀产物

4.2.2.1 河床中的侵蚀地形

壶穴指基岩河床上形成的近似壶形的凹坑，是急流旋涡夹带砾石磨蚀河床而成的。壶穴集中分布在瀑布、跌水的陡崖下方及坡度较陡的急滩上。当流水携带砾石经过有裂隙的基岩时，裂隙交汇处受到砾石冲刷，形成小的洼地，当流水携带砾石再次经过洼地时，水流在洼地内部形成漩涡，使砾石不断磨蚀洼地，洼地逐渐变深变大变圆，就形成了壶穴（图4-25）。

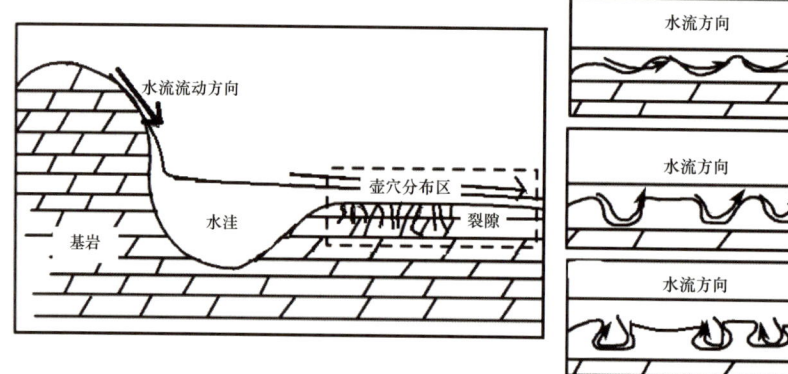

图 4-25 壶穴形成

岩坎是基岩河床中较坚硬岩石横亘于河床底部形成的瀑布或跌水，并构成上游河段的地方侵蚀基准面。岩坎的形成与构造或岩性有关，有些活动断层可直接形成岩坎，岩坎位置和断层位置一致；有时岩坎位于活动断层上游一定距离。穿插在基岩中的岩脉，也常形成岩坎。

拓展阅读

侵蚀基准面

入海的河流，其下蚀深度达到海平面时，由于河床坡度消失，流水运动停止，不再向下侵蚀，因此海平面高度是入海河流下蚀深度的最低基面。海平面及由海平面向大陆方向引伸的平面，称为侵蚀基准面。不直接入海的河流，以其所注入的水体表面，如湖泊洼地、主支流汇口处的水面等为其侵蚀基准面，称为局部侵蚀基准面。

当侵蚀基准面上升时，或者说海平面上升时，河床与海平面的高差变小，流速减小，河流产生堆积。当侵蚀基准面下降时，河床与海平面的高差变大，流速加快，下蚀能力加强，然后逐渐向上游发展导致溯源侵蚀。

构造运动即地壳的抬升或下降，或由于气候冷暖变化而导致的冰川范围的扩大或缩小，均可造成海平面升高或降低，从而改变侵蚀基准面的高度，强化或弱化河流下蚀的能力，并使侵蚀与沉积的关系发生转换。

地球表面过程

4.2.2.2 "V"形谷与曲流

"V"形谷又称峡谷，两壁陡峭，横剖面呈"V"字形，多发育在新构造运动强烈的山区，由河流强烈下切而成，谷底几乎全部被河流占据，谷地狭窄，深度大于宽度。在河流中上游地区，地形崎岖，河流落差大，河水流速快，下蚀作用强，使得河流的下蚀加深作用快于侧蚀拓宽作用，从而形成横剖面为"V"形的河谷。

我国"V"形谷多分布在地势一二级阶梯交界处，如长江三峡、雅鲁藏布江谷地等都是典型的"V"形谷。

在河流中下游地区，河流流速变缓，下蚀逐渐减弱，河流以侧蚀为主。平直河道一开始受地转偏向力（科里奥利力）的影响，发生偏转，偏转的河流会冲蚀河岸，使之慢慢凹进去，变成凹岸，同时在另一岸的河水流速较慢，发生沉积，变为凸岸，形成曲流。当河床底部泥沙堆积形成障碍后，使水流向一岸偏转，或者河床两岸的岩性差异导致河流侧蚀程度不一致，差异侵蚀也会形成曲流。而河流横向环流的存在，也使得河流一侧受冲刷，另一岸不断堆积，也会形成曲流（图4-26）。

图 4-26　莫尔格勒河

曲流形成后,不断侧蚀,凹岸不断侵蚀后退,凸岸不断堆积,使得河流的弯曲程度越来越大,河流的上下河段越来越近,形成狭窄的曲流径,当洪水来临后,裁弯取直,形成牛轭湖。

拓展阅读

河流横向环流

在弯曲河道中,水面从凸岸流向凹岸的水流(表流)和河底从凹岸流向凸岸的水流(底流)构成一个连续的螺旋形向前移动的水流,称为横向环流。横向环流的形成主要是弯道水流离心力的影响所致。在弯道不同位置处,水流流速也不一致,靠近凹岸处流速大,凸岸处流速小,因而在弯道表流主要由凸岸流向凹岸,底流由凹岸向凸岸排挤,以保证水体的连续性。不同形状的河床断面,形成不同的环流系统,可分为以下四种:

① 单向横向环流(A—B,E—F)。多在弯曲河段发生,因这里水流受离心力作用较强向一岸偏移形成单向环流(图4-27)。

② 底部汇合型双向横向环流(C—D)。洪水时,平直河道河床中部的水量比靠近两岸的增加得快一些,因此洪水期河床横向水面呈上凸形,表层水流从河床中部流向两岸构成两个横向环流系统。这种类型的横向环流系统可掏蚀两岸,在河床中部发生堆积(图4-27)。

③ 底部辐散型双向横向环流。枯水位时,平直河段河床中部流速较大,水面呈微微下凹形,两岸表层水流流向河床中部,

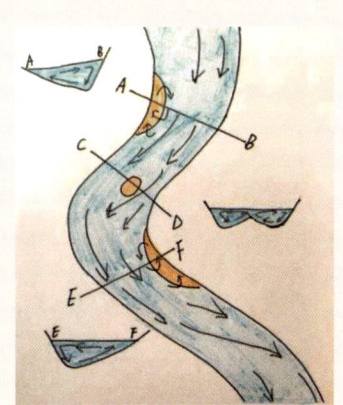

图 4-27 横向环流

地球表面过程

构成表层汇聚、底部辐散型的横向环流。这种环流使得两侧形成浅滩，中间形成槽谷。

④ 复合型环流。在平原分汊河流或河床底部起伏不平的地方，形成多股主流线，各自构成一横向环流，组合成复合型环流系统。

4.2.2.3 河流阶地

河流下切侵蚀，原先的河谷底部（河漫滩或河床）超出一般洪水位以上，呈阶梯状分布在河流谷坡上，这种地形称为河流阶地。地壳相对稳定期，河流侧蚀为主，凹岸侵蚀，凸岸堆积形成河漫滩，之后河流下切侵蚀，原先的河漫滩超出一般洪水位以上便形成了河流阶地。阶地越向高处，年代越老。而河流下切侵蚀是由构造运动、气候变化和侵蚀基准面下降等原因造成的。

当地壳上升时，河床纵剖面的位置相对抬高，水流下切侵蚀，使新河床达到原先位置，靠近谷坡两侧的谷底就能形成阶地。随着地壳运动的间歇性抬升，在每一次地壳上升时期，河流以下切为主，当地壳相对稳定时，河流就以侧蚀和堆积为主，最终形成多级阶地。

气候变化主要通过河流水量和含沙量两个方面对阶地产生影响。气候变干，河流水量少，地面植被也少，坡面侵蚀加强，带到河流中的泥沙量增多，河流以堆积为主；反之，气候变湿，河流中水量增多，含沙量相对减少，发生侵蚀。由于气候干湿变化引起堆积作用和侵蚀作用的交替，就形成河流阶地。

侵蚀基准面下降是构造运动或气候变化引起的，侵蚀基准面下降引起河流下切侵蚀，最终形成阶地。

根据不同原则，河流阶地可分为不同类型（图4-28）。

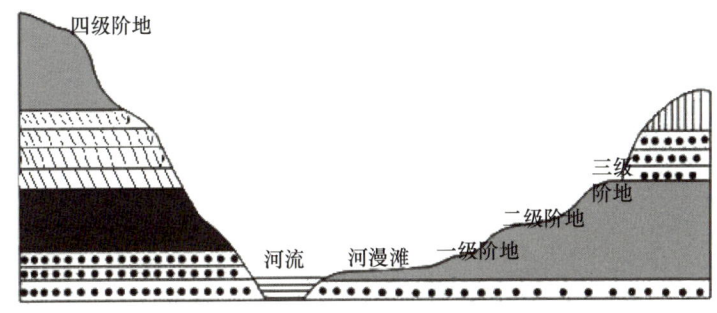

图4-28 河流阶地剖面模式示意

（1）根据阶地结构和形态特征划分

① 侵蚀阶地。侵蚀阶地由基岩组成，在阶地面上没有或只有零散冲积物，所以又称为基岩阶地，侵蚀阶地发育在构造抬升的山区河谷中，因为这里水流流速较大，侵蚀作用较强，河床中的沉积物很薄，有时甚至基岩裸露。有些基岩阶地形成时代较早，阶地面上少量冲积物很难保存。

② 基座阶地。基座阶地由两层不同物质组成，上层为河流冲积物，下层为基岩或其他成因类型的沉积物。基座阶地由地壳抬升、河流下切侵蚀而成，在形成过程中侵蚀切割的深度超过冲积物的厚度。如果基座阶地形成以后，由于气候或构造的原因，在新一轮的河流侵蚀–堆积过程中，河谷中堆积较厚的冲积物，超过阶地基座高度并把基座覆盖起来，称为覆盖基座阶地。

③ 堆积阶地。堆积阶地由冲积物组成，在河流下游最常见，而且多是时代较新的低阶地。根据阶地形成时河流下切深度不同，又可分为上叠阶地和

地球表面过程

内叠阶地两种。上叠阶地是阶地形成时河流下切深度较前一周期下切深度小，没有切穿冲积物，河谷底部仍保留有一定厚度的早期冲积物；内叠阶地是在阶地形成时的下切侵蚀深度正好达到阶地前一周期的谷底。内叠阶地和上叠阶地多是气候变化形成的阶地，或是河流下切侵蚀过程中的初始阶段的产物。如河流连续下切侵蚀，上叠阶地可转换为内叠阶地，之后再转换为基座阶地，如上叠阶地或内叠阶地形成后，河流停止下切侵蚀，则上叠阶地和内叠阶地将被保留下来。

④ 埋藏阶地。埋藏阶地可分为两种：a.早期地壳上升，或侵蚀基准面下降，形成多级阶地，而后地壳下降或侵蚀基准面上升，发生堆积，把早期形成的阶地全部埋没形成埋藏阶地。b.地壳长期下降，不同时期的冲积物一层叠加在一层之上，没有阶梯状地形特征，形成一种假埋藏阶地。

（2）根据阶地面形成时的水动力状态划分的类型

① 侵蚀状态阶地。阶地面形成时期水动力状态以侵蚀为主，冲积物厚度很薄，沉积物主要是河床相，河漫滩相不发育，砾石分选和磨圆都较差。在这种状态下，河流下切形成的阶地纵向坡度较大，这种类型阶地称为侵蚀状态阶地。

② 均衡状态阶地。阶地面形成时期，河流的侵蚀和堆积处于相对均衡状态，河床相和河漫滩相沉积物都很发育，冲积砾石的分选和磨圆都较好。均衡状态阶地纵向坡度比侵蚀状态阶地要缓。

③ 加积状态阶地。阶地面形成时期，河流以堆积作用为主，阶地冲积物厚度大，冲积物呈成层结构，其中河床相沉积物厚度较大，河漫滩相和牛轭湖相沉积物也很发育，甚至在阶地沉积物剖面中看到分布于不同高度的牛轭湖沉积物。加积状态阶地的砾石磨圆和分选不及均衡状态阶地的好，因为这

时水流动力较弱，大部分砾石被带到河床中很快堆积下来，没有经过长距离搬运。阶地纵剖面坡度较上述两种阶地的要缓。

根据水动力状态划分的上述三种阶地，可以组成不同结构类型的阶地。例如，加积状态阶地既可组成堆积阶地，也可组成基座阶地；侵蚀状态阶地常组成侵蚀阶地，有时也能组成基座阶地。

4.2.2.4 河流袭夺

一条河流溯源侵蚀导致分水岭外移，从而占据相邻河流流域的过程称为河流袭夺。一般地说，一条河流之所以能够袭夺另一条河流，是由于其侵蚀能力加强，分水岭向另一方移动而破坏造成的。一般是河水面较低而水量较大的河流，袭夺河水面较高的河流。河流在袭夺之前，两河之间的分水岭已被侵蚀的很低平了，当洪水暴发，河流的溯源侵蚀突然加强，从而导致发生河流袭夺现象，河流袭夺常发生在两条垂直向的河流之间。

河流袭夺现象的产生必须满足三个条件：① 两条河流间的距离不能太远；② 其中一条河川的侧蚀或向源侵蚀强烈；③ 必须一条为高位河，另一条为低位河，也就是分水岭两侧的海拔要具有明显的差异。

河流袭夺后，袭夺它河的河称为袭夺河，被它袭夺的河称为被袭夺河。被袭夺河的上游段，因被袭夺而改变方向流入袭夺河，所以称为改向河。就在被袭夺河改变流向所形成的最显著的弯曲河段，称为袭夺湾。被袭夺河的下游河段流向未变，但上游已被劫去，故称为断头河。而被袭夺河原有谷地的一部分成为袭夺河与断头河的分水岭，即所谓的"风口"。如图4-29所示。

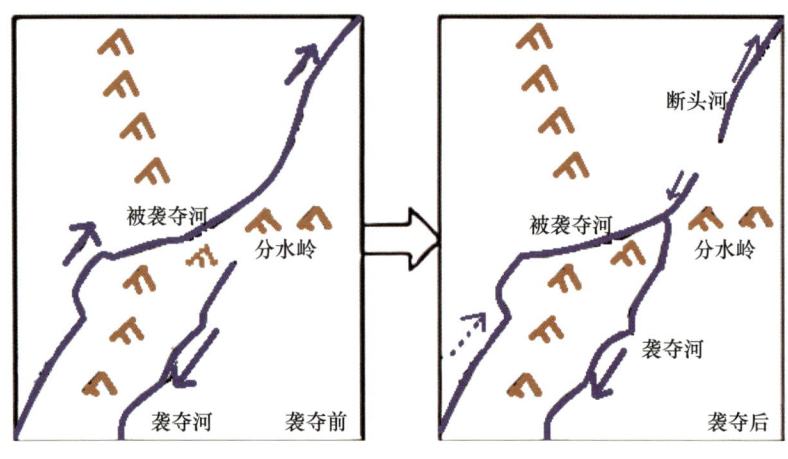

图 4-29　河流袭夺示意

4.3 地下水破坏作用与岩溶地貌
The destructive effect of groundwater and karst topography

4.3.1　地下水破坏作用类型

　　地下水相对于地表水而言流速很慢，水量较分散，动能微弱，因此大部分地下水没有明显的机械侵蚀作用，但其化学作用却十分活跃。地下岩石在地下水的作用下不断被破坏、改造，这也是地下水作用的主要形式。若地下水不断汇集发育成地下暗河，其破坏作用就变得异常巨大，此时的地下水与地表河流的地质作用基本相似。

地下水的破坏作用主要包括机械潜蚀作用和化学溶蚀作用。

（1）机械潜蚀作用

在地下岩石裂隙或空隙中的地下水流动速度非常缓慢，其机械潜蚀作用一般较弱，只能对颗粒较细的粉砂、黏土等松散碎屑物进行机械潜蚀。在地下水的长期作用下，岩石结构逐渐变得疏松，颗粒之间孔隙扩大。一些松软的岩石或未胶结的土层，在地下水的机械潜蚀下甚至会引起蠕动变形或由于空隙的扩大而造成塌陷。在黄土地区，这种地下水的潜蚀现象尤为明显，经常会有地下空洞造成黄土的塌陷。

在岩石的洞穴或较大裂隙中大量流动的地下水则具有较大的动能，会对地下岩石产生较大的破坏作用。

（2）化学溶蚀作用

化学溶蚀作用是地下水破坏作用的主要形式，由于石灰岩具有融水性，因此有石灰岩分布的地区可形成各种地下岩溶地貌。

一般地说，地下水的溶蚀作用主要是含有 CO_2 的水对碳酸盐岩的溶蚀。地下水中所溶解的 CO_2 大约有 1% 会形成 H_2CO_3，其余仍保留游离状态。碳酸的形成使地下水的溶解能力大大提高，如果地下水流经的是可溶性岩石，则化学溶蚀作用就更加明显。含有 CO_2 的地下水对石灰岩溶蚀作用的化学反应式如下：

$$CaCO_3 + CO_2 + H_2O \longrightarrow Ca(HCO_3)_2$$

该反应在一定条件下是可逆的。当水体流动时，生成的 $Ca(HCO_3)_2$ 被大量带走，反应不断向右进行，越来越多的石灰岩遭到溶蚀。若气温升高，CO_2 从水体中大量逸出，则反应向左进行，碳酸钙沉积。

4.3.2 岩溶地貌

岩溶作用是流水对易溶的、有裂隙的岩石进行溶解、冲刷、淋滤等，在地表和地下形成独特的岩溶地貌景观的地质作用。岩溶地貌又称为喀斯特地貌，其名称来源于亚得里亚海附近的喀斯特石灰岩高原。岩溶地貌发育的条件有：① 具有透水性的可溶性岩石，岩石存在裂隙；② 有充足的地表水或地下水，水可在裂隙中自由流动；③ 流动的水具有较强的溶解能力。

含有各种盐类和气体的天然水，对可溶性岩石的溶解会起到很重要的作用。富含 CO_2 的水比纯水的溶解能力要强很多倍，含有 SO_4^{2-}、Cl^- 的水对岩石的溶解能力也很强。富含天然溶剂的水与岩石裂隙相互作用，造就了地表和地下的岩溶形态。可溶性岩石主要包括石灰岩、白云岩、石膏和其他岩盐。岩溶地貌主要分布于我国南方，广西桂林山水和云南路南石林都是著名的岩溶地貌景观。

岩溶地貌根据岩溶作用类型又可分为溶蚀地貌和过饱和沉积地貌。本章主要介绍溶蚀地貌，过饱和沉积地貌在第 6 章中介绍。

由于地下水的化学溶蚀作用而形成的地貌称为溶蚀地貌。根据其分布位置的不同，可分为地表岩溶地貌和地下岩溶地貌。

4.3.2.1 地表岩溶地貌

（1）溶沟

溶沟是指地表水沿岩石表面和裂隙流动的过程中，对岩石不断进行溶蚀、侵蚀而形成的石质沟槽，呈长条状或网格状。若溶沟进一步发展，岩石之间因被溶蚀而孤立存在，形成锥状形态的独立石脊，称为石芽。石芽是石林发育的前身，若石芽进一步被溶蚀，流水进一步深切，把可溶性石灰岩切割成石柱，称为石林（图4-30）。

图 4-30　云南石林

（2）落水洞

地表水沿可溶性岩石产生的裂隙下渗，下渗过程中不断向下溶蚀，使得裂隙不断加深，形成垂直或倾斜的深洞，最终与地下暗河或溶洞相通，即为落水洞。

（3）溶斗

溶斗又称为喀斯特漏斗，是喀斯特地区一种口大底小的圆锥形洼地，平面轮廓为圆形或椭圆形。溶斗是地表岩溶地貌发育最广泛的一种类型，其规模和形态差异较大，直径从数米到数百米不等，多数直径在 1～50 m，深度在 20 m 以内。

按照溶斗的成因，可以将溶斗分为两种类型。第一种是地面溶滤溶斗，是地表水下渗溶蚀形成的，这类溶斗的底部一般有一进水口与落水洞相连通，也可能被泥土、沙石等填充而堵塞。另一种是塌陷溶斗，是地下水作用形成的溶洞顶部岩石塌陷形成的，巨型塌陷溶斗可称为"天坑"。

重庆奉节的小寨天坑是目前世界上最大的塌陷漏斗，天坑坑口高度 1331 m，深 666.2 m，坑口直径 622 m，坑底直径 522 m，堪称"天下第一坑"。小寨天坑地处重庆地区，属于亚热带季风气候，年降水量充沛，流水的长期侵蚀作用加速了地下溶洞和暗河的形成。溶洞和暗河的水流不断侵蚀地下岩石，扩大了地下空间，最终导致上方岩石因重力而坍塌，形成了一个巨大的坑洞，四周是陡峭而封闭的岩壁，呈现出深陷的井状或桶状轮廓地形。

除此以外，许多天坑虽体积上不大，但分布着数个大型天窗，例如，贵州务川石朝天坑群。

（4）盲谷

河流在到达主干流之前，被透水性岩石吸入地下而消失，称为盲谷。通常是在落水洞处顺着裂隙流入地下暗河，也可能从其他出口重新流出地表。盲谷的形态主要有两种：一种是固定流域的河流被河谷前方的岩壁所阻，而后从岩壁脚下的地下河道流走，称为"伏流型盲谷"；还有一种是地表雨水汇集形成的季节性水流，或短距离的河水在谷中汇集后，被地下喀斯特岩里的孔隙渗漏掉，无法形成河流，称为"漏斗型盲谷"。

（5）峰丛、峰林和孤峰

峰丛是溶斗不断塌陷的结果，当溶斗塌陷至地表形成基座相连而峰顶分离的石山群，即称为峰丛。峰丛继续被流水溶蚀和侵蚀，山体底座相互分离或稍有相连，就形成了峰林。峰林继续被侵蚀，至形成孤立的石灰岩山峰，即为孤峰，孤峰多分布在岩溶平原或岩溶盆地中。

4.3.2.2　地下岩溶地貌

地表水通过各种缝隙、孔洞进入地下，不断溶蚀使地下出现巨大洞穴，即为溶洞。溶洞广泛分布于平原和高山地区，通常溶洞高度与地下潜水位大体一致，地下水沿潜水面流动，产生强烈的机械潜蚀和化学溶蚀作用，进而侵蚀出巨大的地下洞穴。

溶洞的延伸形态与潜水面形态有关,若潜水面呈倾斜状态,则溶洞多呈水平延伸或略微倾斜。

多个溶洞交织连通在一起可形成复杂的地下溶洞网。位于贵州省遵义市绥阳县温泉镇的双河溶洞群,总长度超过200 km(仍在探测中),是"世界最长的溶洞",被誉为"中国地心之门"。

 拓展阅读

旱　洞

旱洞是高出潜水位的溶洞,内部基本无地下暗河。通过旱洞可推断地壳曾发生过抬升。位于湖北恩施利川市的腾龙洞(图4-31),为亚洲第一大旱洞,洞口高74 m,宽64 m,旱洞全长59.8 km。

图4-31　腾龙洞内部景观

4.4 海水侵蚀作用及其产物
Marine erosion and its products

波浪是海岸带最重要的侵蚀动力,大海中的波浪不断拍打、冲刷着海岸,引起海岸带的岩石发生崩解和破碎,形成海蚀地貌。这些岩石碎屑物在波浪、潮汐等作用下不断地迁移运动着,当波浪的力量减弱时,这些碎屑物在合适的地方便堆积下来,形成海积地貌。在海水的侵蚀、沉积作用影响下,海岸形态不断改变,形成了千姿百态的海岸地貌。本节主要讨论海蚀地貌,海积地貌见第 6 章 6.5 节。

4.4.1 海水的侵蚀(剥蚀)作用

海水通过自身的动力和所携带的碎屑对海岸和海底的破坏,即为海水的侵蚀作用。岩石海岸受侵蚀的速度与岩性、波能、构造和气候等多种因素有关,其中基岩海岸(由坚硬的岩石组成的海岸)因海底地形坡度大,海浪能量受损耗较少,易形成动能强大的拍岸浪,故基岩海岸是海蚀作用最为明显的海岸带类型。通常,根据性质可将海蚀作用分为冲蚀作用、磨蚀作用和化学溶蚀作用。

4.4.1.1 冲蚀作用

冲蚀作用是指波浪水体直接撞击、冲刷海岸的作用。岩石海岸因其层理和裂隙受到海浪的冲击，再加上裂隙中的空气未能及时排出而受到压缩产生瞬时压力，导致崖壁破碎、海岸崩塌，形成陡峻的侵蚀海岸（图4-32）。波浪的冲击力不容小觑，据测定通常能够达到 37 t/m^2，苏格兰东岸敦堤的波浪冲击力曾被记录为 60 t/m^2。此外，潮汐在开阔海岸带附近也会助长海浪的冲蚀作用。

图 4-32　冲蚀作用形成的陡崖

4.4.1.2 磨蚀作用

在波浪的前后往返过程中，在涨落潮间的狭窄地带，海水携带的砂砾对海岸和海底的撞击和摩擦，以及砾石本身相互间的摩擦，使岩石表面圆化（图 4-33），水下岸坡也易被磨蚀成海蚀平台。

图 4-33　磨蚀作用使岩石趋于圆化

4.4.1.3　化学溶蚀作用

易溶岩石组成的海岸在海水中易发生化学反应，产生溶蚀作用，在碳酸盐类海岸地区尤为显著（图 4-34）。因海水具有较高的离子浓度，可增强溶蚀作用，故对于非可溶性岩石（如玄武岩、正长岩、黑曜石等），海水对岩石、矿物的溶蚀作用速度也要比淡水快，一般快 3～14 倍。

以上海蚀作用往往是相互作用的，但不同地区不同时期以某一种为主。因海岸地区水深较浅，受波浪和潮汐作用的影响较大，因此是海蚀作用最为激烈的区域。

第 4 章 侵蚀作用

图 4-34 越南下龙湾的海上峰林

4.4.2 海水的侵蚀地貌

海蚀地貌是岩石海岸在海水运动（波浪、潮汐等）的侵蚀作用下形成的地貌景观，尤其在岩岸凸出的岬角地段发育最为明显。由于海蚀作用的强度、海岸岩性及地质构造的不同，海蚀地貌的形态类型也多种多样，常见有海蚀穴、海蚀凹槽、海蚀崖、海蚀柱、海蚀拱桥、海蚀平台等根据其形貌命名的多种海蚀地貌。

随着时间的迁移，岩岸在海浪的持续作用下会不断后退，其中坚硬、节理不发育的岩石抵抗海蚀的能力较强，常凸向海洋成为岬角（strait）；软弱、节理发育的岩石抵抗海蚀的能力较弱，容易造成岩岸的侵蚀和后退，常凹进陆地成为海湾（gulf）（图 4-35）。

地球表面过程

图 4-35　岬角与海湾

(1) 海蚀穴

波浪拍打海岸主要集中在海平面附近,由于波浪的冲蚀、磨蚀和溶蚀作用,使岩岸不断遭受破坏,底部被掏空,形成向陆地方向楔入的槽形凹穴,即为海蚀穴(sea cave)。古海蚀穴常作为古海岸线高度的标志之一。若海蚀穴慢慢扩大,深度比宽度大者则称为海蚀洞,在节理发育或夹有软弱岩层的基岩中,海蚀洞可达数十米深。浙江普陀山的潮音洞、梵音洞等就是典型的海蚀穴(图 4-36)。

(2) 海蚀凹槽

海蚀穴常断断续续平行于海岸线呈带状分布,若沿海岸线延伸长度较长,远大于向陆地的深度,形成向陆地方向楔入的凹槽,则称为海蚀凹槽(sea groove)(图 4-37)。

图 4-36 海蚀洞穴

图 4-37 海蚀凹槽

（3）海蚀崖

随着海蚀作用的进行，海蚀穴或海蚀凹槽在波浪作用下逐渐扩大，凹槽上部的悬空岩石失去支撑，在重力作用下崩塌，常沿断层、节理或层理面形成高出海面的陡壁悬崖，称为海蚀崖（sea cliff）（图 4-38），海岸线也随之后退。我国北起大连，南至海南岛鹿回头和广西涠洲岛等，均有海蚀崖发育，其高度数米至数十米不等。因海岸岩石性质不同，形成的海蚀崖也各具风姿。

图 4-38 海蚀崖

地球表面过程

（4）海蚀平台

在波浪、潮流的长期作用下，海蚀崖和海蚀凹槽不断侵蚀后退，留下一个缓缓向海倾斜的基岩平台，称为海蚀平台（wave-cut platform）或波切台，它是在近水面处由波浪切削夷平而形成的。海蚀平台的前缘在低潮线以下，后缘在高潮线附近。我国海蚀平台发育较广泛，如广西涠洲岛五彩滩的海蚀平台平坦而宽阔，退潮时可见宽达几十米至百米的平台面。如果发生地壳明显上升或海平面明显下降，原有海蚀平台便会高出海面，形成不再被海水淹没的海蚀阶地（marine terrace）；如果地壳明显下沉，则形成的是水下海蚀阶地。

（5）海蚀拱桥

向海突出的岬角同时受到两个方向的波浪作用，使两侧已经形成的海蚀穴贯通，形成拱门状景观，称为海蚀拱桥（sea arch）或海蚀穹（图4-39）。因形态像由陆向海延伸的象鼻，有时也称为"象鼻山"，如北戴河的南天门。

图 4-39　海蚀拱桥

第4章 侵蚀作用

（6）海蚀柱

基岩海岸外侧孤立的柱状或塔状地貌,称为海蚀柱(sea stack)（图4-40）。海蚀崖后退过程中,在海蚀平台上存在抗蚀能力强的蚀余岩体可形成海蚀柱；海蚀拱桥继续扩大,导致拱顶坍塌而与岸分离的岩柱或孤峰也可形成海蚀柱。海蚀柱在我国沿海也常见,如大连的黑石礁、北戴河的鹰角石、青岛的石老人等,较大的海蚀柱高 12 ～ 18 m。

图 4-40　海蚀柱

海滩隐形杀手——离岸流

离岸流又称为裂流,是在海浪和水底地形共同作用下,海岸经波浪区向海中流动的一股狭窄而强劲的水流,在任何天气条件下都可能发生,它会出现在多种类型的海滩上。由于离岸流流速极快（大多在0.3～1 m/s)，而且表面平静，会在人毫无防备的情况下突然出现，不易发觉，只需几秒钟，它就能将岸边的游泳者带到外海区域，危险性极大。

离岸流如何识别？离岸流一般出现在离海岸30～40 m白浪附近，而且出现地点的海底都比两边低。由于离岸流是较深层的水流，所以大部分颜色比较深，且一些离岸流表面上看几乎没有浪花，同周边的白浪和浪涌相比，它们较安静，这很容易骗过游泳者。因此，游泳者在天文大潮期间，台风来临、风大浪高之时，最好不要下水游泳；平时下水之前，首先看清海滨浴场的警示牌（图4-41），并观察海滨浴场的地形地貌、沙洲和缺口；其次看海里有无狭窄而浑浊的条状水流，并避开该水流。

遇到离岸流应该怎么办？首先不要慌张，要保持冷静，不要尝试逆流游回岸边，而是吸足气，让身体漂浮起来，呼叫或挥手寻求救援。漂浮过程中还应尽量顺着离岸流的水流方向，沿着与沙滩平行的方向游离，脱离"离岸流"后，再转向游回岸边。

图4-41 青岛沿海离岸流警示牌

4.5 冰川破坏作用及其产物
Glacier destruction and its products

4.5.1 冰川的侵蚀作用

4.5.1.1 冰川刨蚀作用

冰床底部或冰斗后背的基岩随温度变化，沿节理裂隙反复冻融使原有岩石变得松动，如果这些松动的岩石和冰川重新冻结在一起，当冰川运动时，就会把松动的岩块拔起带走，这称为冰川刨蚀作用。经刨蚀作用后的冰川河谷的坡度曲线是崎岖不平的，形成了梯形的坡度剖面曲线。

4.5.1.2 冰川磨蚀作用

当冰川运动时，冰川或冰层底部的岩石碎片，在上面冰川的压力作用下对冰川底部的岩石进行削磨和刻蚀，称为磨蚀作用。磨蚀作用可在基岩上形成带有擦痕的磨光面，而擦痕或刻槽是冰川作用的一种良好证据，其方向可以用来指示冰川行进的方向。

4.5.2 冰川侵蚀地貌

4.5.2.1 冰斗、刃脊和角峰

冰斗是山地冰川重要的冰蚀地貌之一，它位于冰川的源头。冰斗三面为陡壁所围，朝向坡下的一面有个开口，外形呈围椅状。冰斗前身为半圆形洼地，由于洼地积雪成冰，周围岩石受到反复冻融而松动，冰川在运动过程中将松动的岩石从洼地搬走，后又填充冰川，反复进行，岩壁不断后退，洼地扩大且不断加深，逐步发展为典型的围椅状冰斗。冰斗多发育于雪线附近，因此冰斗具有指示雪线的意义，可以根据古冰斗底部的高度来推断当时雪线的位置。

由于冰斗不断扩大，崖壁后退，相邻冰斗之间的山脊越来越薄，形成刀刃状，称为刃脊。一个山峰若在不同方向上皆有冰斗，则崖壁所交汇的山峰峰高顶尖，称为角峰。

4.5.2.2 冰川谷和峡湾

冰川谷的横剖面形似"U"形，因此又称为"U"形谷（图4-42）。冰川运动过程中，带动松散岩石不断磨蚀，使冰川运动的通道不断展宽，形成"U"形谷。冰川冰的厚度越大，下蚀力越强，河谷越深越宽，有些"U"形谷可深达千米。

图 4-42 崂山"U"形谷

在高纬度地区，厚重的冰川能伸入海洋，冰川在流动过程中侵蚀海岸形成槽谷。冰退以后，槽谷被海水侵入，成为狭长的海湾，称为峡湾，典型的峡湾为挪威的海岸峡湾。

4.5.2.3　羊背石、冰川磨光面和冰川擦痕

羊背石是由冰蚀作用形成的石质小丘，一般形成于冰川发育较好的高纬地区和高海拔地区，冰床上的岩层若是软硬相间分布，由于冰川侵蚀作用、风化作用往往同时存在，硬的岩层抗蚀能力更强，相比软的岩层保留的物质会更多，就形成部分被保留下来的微微凸起的石质小丘。羊背石较缓的一面往往是迎冰面，迎冰面以磨蚀作用为主，坡度平缓，表面留下许多擦痕刻槽、磨光面等痕迹。背冰面则在冻融风化和冰川拔蚀作用下，形成表面坎坷不平、

地球表面过程

锯齿状的陡坡（图 4-43）。

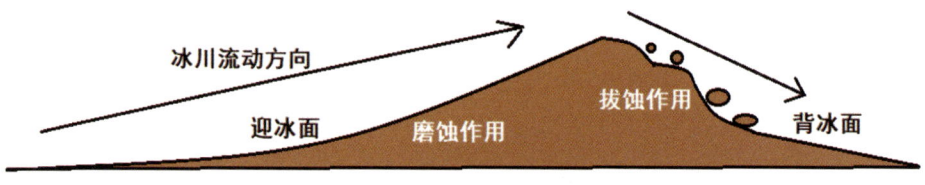

图 4-43　羊背石示意

羊背石表面的冰川擦痕、磨光面，是底部冰中松散岩块、碎屑物质在基岩上刻划的结果，这是人们可以观察到的冰川侵蚀微形态，可以判断冰川底部的水流方向。

第 5 章

搬运作用

> 地球表面过程

5.1 风的搬运作用及其产物
The transport effect of wind and its products

5.1.1 风的搬运作用

风的搬运与河流搬运的区别是风可将碎屑物从低处运至高处。总体上看，搬运力与风速大小的平方成正比。搬运距离远、搬运量大是风的搬运作用的基本特点。

被搬运的颗粒大小与风力成正比关系，而与被搬运的距离成反比关系。故细微的尘土可被搬运上千千米，如粒径为 0.016～0.031 mm 的尘土，可以呈悬浮状态被风吹到 2000 km 以外的地方，甚至随大气环流搬运到地球表面的任何位置。如我国西北地区的尘土被搬运到长江中下游地区；北非的沙尘被风吹到威尔士和丹麦；撒哈拉的沙尘被信风带到离非洲海岸 3000 km 之外的大西洋中。

虽然风的搬运力不大，但因风沙流是面状运动，因而它的搬运量是巨大的。一次大风暴的侵袭，在方圆几万甚至几十万平方千米的地面上，黄尘滚滚，其中包含着总质量达几十万甚至上百万吨的物质。作用时间久了，风的搬运量更为可观，如现代陆地上面积达几千万平方千米的沙漠和近 300 km^2 的风成黄土，就是近200万年内由风力搬运而来的。

风的动能可用它对障碍物迎风面每平方米产生的压力（风力）来表示，风的搬运能力与风力的大小成正比，风力 $p = cv^2/2$（式中 p 的单位为 kg/m^2，v 为风速，单位为 m/s，c 为经验常数，其值为 0.125），即风力与风速的平方成正比。当风速很小时，风蚀作用不明显；当风速达到 4.5 ~ 6.7 m/s（即三级到三级半）时，风就能吹动干燥的、粒径 0.25 mm 的沙粒；大风时，沙漠里出现"飞沙走石"的局面，十二级大风可将粒径 3 ~ 4 cm 的砾石吹起 2 ~ 3 m 高。风的搬运能力极其强大，持续强劲的优势风可以使碎屑物翻山越岭，进行长距离的搬运（图 5-1），搬运距离还与风力和碎屑物的粒度有关。

图 5-1　内蒙古西部雅不赖山口的沙河

由于空气的密度、黏度小，风在搬运过程中，颗粒间以及颗粒与地面间相互碰撞磨损剧烈，沙粒的磨圆比其他动力快，故风沙磨圆度好、球度高。

地球表面过程

在搬运过程中也进行着各种破坏作用，碎屑物在被搬运过程中不断地和地面发生碰撞摩擦，碎屑物之间也相互碰撞摩擦，较软弱的成分被分解破坏、易风化矿物随之风化，最后只保留稳定而耐磨的矿物，如石英、长石等。石英是最稳定的碎屑颗粒，因此石英是风沙流中的主要成分。

5.1.2 风的搬运方式

风的搬运方式与流水相似，根据搬运物的粒度大小区分，有悬移（悬移质悬浮搬运）、跳移（跃移质跳跃搬运）、蠕移（推移质蠕动搬运）三种（表5-1，图5-2）。

表5-1 沙尘颗粒在搬运中的飞行时间和降落速度（平均风速 15 m/s）

粒径 /m	降落速度 /(cm·s^{-1})	飞行时间	悬运距离 /km	最大高度 /m
0.001	0.008 24	0.95 ~ 9.5 a	(0.45 ~ 4.5)×10^6	7.8 ~ 77.5[②]
0.01	0.824	0.83 ~ 8.3 h	4.5 ~ 45	78 ~ 775
0.1	82.4	0.3 ~ 3 s	4.5 ~ 45[①]	0.78 ~ 7.8

注：① 单位为 m，② 单位为 km。

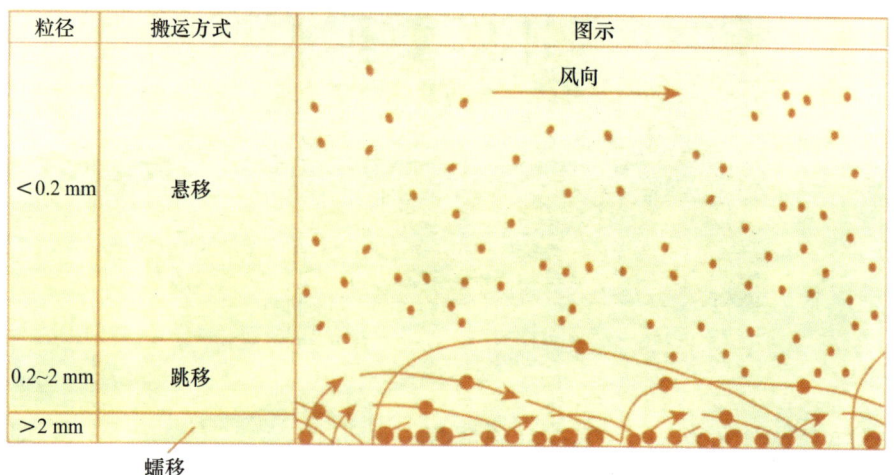

图 5-2 风的搬运方式

（1）悬移

粒径小于 0.05 mm 的粉砂和黏土，被风吹起后，其沉降速度小于风的紊动向上分速（相当于平均风速的 1/5）时，就能使泥沙悬浮于空气中搬运。例如，0.2 mm 的沙子沉降速度为 1 m/s，在风速为 5 m/s 时，它就可以悬浮。一般粒径小于 0.05 mm 的粉砂和黏土，搬运距离很远，可达 0.5 千米以外，如我国北方的黄土就主要是由沙漠地区搬来的。一些细小的悬浮物可以长时间悬浮在大气中，并随着大气环流漂浮到世界各地，这种作用被称为行星级的地质作用。1883 年印度尼西亚喀拉喀托火山喷出的红色火山灰曾随大气环流绕地球转了 3 圈，并在大气层中保持了 3 年之久。远离大陆的大洋中心部位，风成碎屑物是深海沉积的主要成分，含有有机质的风成碎屑物也是浮游生物的主要营养源。

（2）跳移

粒径较大的细砂和中砂（0.2～2 mm），一般在地面做跳跃式的移动。由于空气密度比水的密度小得多，故不但容易跃起，而且跃得高、跳得快。如砂粒在水中的跳跃高度只有几个粒径，而在空气中的跳跃高度则有几百至几千个粒径。跳跃速度每秒数十厘米至数米。因跳得高，故在气流中获取的动能也大，下落撞击地面时，不但再次反弹跳起，而且还能把附近更多的沙粒溅起，如果这个过程反复出现，搬运的沙量就会很大。跳移沙粒的动能，可推动比它大 6 倍或重 200 多倍的沙粒。

（3）蠕移

粒径大于 2 mm 的粗砂及细砾，质量较大，只能沿地面缓慢地滚动或滑动，称为蠕移。蠕移速度一般为 1～2 cm/s。蠕移的动力，一是风力，二是跳移沙粒的冲击力。

据实测资料表明，在风沙流的剖面上，三种搬运方式之中以跳移为主，其搬运量约占总量的 78%；蠕移次之，搬运量约占总量的 22%；悬移最少，仅占总量的 1% 以下。但搬运方式是随风力的增减而改变的，如风力增大时，蠕移可变为跳移，跳移也可成为悬移；如风力减小时，情况相反。

据在内蒙古乌兰布和沙漠 2 m 高处的风速 8.7 m/s 的实测表明，89.7% 的沙粒是在距地面 30 cm 的范围内搬运的，其余 10% 的沙粒在 30～70 cm 的高处搬运。

5.1.3 风的搬运作用产物

风的搬运有明显的分选性，表现在从风源地开始，沿着风的前进方向，风积物从粗逐渐变细。我国西北地区由西北向东南，具有从岩漠→砾漠→沙漠→黄土的规律性变化。

荒漠是指气候干旱、地表缺水、植物稀少及岩石裸露或沙砾覆盖地面的自然地理景观。荒漠约占全球面积 1/4，主要分布在两个地带（区）：一是南、北纬 15°～35° 之间的副热带高压带；二是温带内陆地区，如我国的新疆、内蒙古和青海等地的荒漠。

如按地貌特征及地面组成物质来分，荒漠可分为：岩漠（石质荒漠）、砾漠（砾质荒漠）、沙漠（沙质荒漠）、泥漠（泥质荒漠）四类。

（1）岩漠

岩漠主要是指干旱区岩石裸露的低山、丘陵及山麓剥蚀平原的地貌景观（图 5-3）。岩漠的地形起伏较大，物理风化和风蚀作用强烈，在风蚀作用和暴雨的冲刷下，基岩裸露，山坡陡峭，沟谷发育，地面石骨嶙峋，并被切割得支离破碎，植被稀少。在洼地中堆积有岩石遭受物理风化后崩裂下来的粗大石块。该地貌多发育于干旱区大山脉之低山前缘地带（山麓剥蚀平原）。如我国主要分布在天山、昆仑山、祁连山、河西走廊等地。

图 5-3　岩漠

（2）砾漠

砾漠（戈壁）是指风蚀后残余的卵、砾、粗砂等物质组成的洪积、坡积倾斜平原的地貌景观（图 5-4）。蒙古语"戈壁滩"指的就是砾漠，但我国习惯上把岩漠也归入戈壁之中，为了区别于砾石戈壁，岩漠称为石质戈壁。这里的地面在强

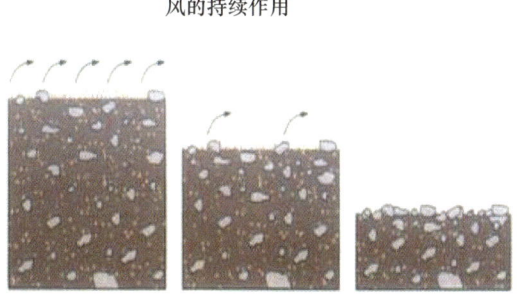

图 5-4　砾漠的形成过程

劲的风力作用下，细粒的沙土被风搬运，留下的都是粗大的砾石，其表面常常被沙子磨蚀成光滑面，形成具有棱角及磨光面的风棱石。有的砾石表面被黑色的荒漠漆包裹。一种看法认为是由于毛细水的大量蒸发，使铁、锰氧化物析出呈被膜状附在砾石表面形成荒漠漆（图 5-4, 图 5-5）。最新的看法认为是携带着锰和铁的氧化物以及多种微量元素的大气尘埃随雨滴或雾滴在砾石和岩石表面沉积形成的，亦称为岩石漆。我国的砾漠主要分布在西北盆地边缘及河西走廊的山麓地带（图 5-6）。

图 5-5　覆盖了荒漠漆的戈壁

图 5-6　祁连山前的砾漠

（3）沙漠

沙漠为地表被流沙覆盖且沙丘或"沙地"广布的沙质平原，常分布于干旱、较低洼而有充足沙源供应的地区。内陆沙漠的沙粒主要来源于相邻岩漠和砾漠，故沙粒的分布具有分带现象，近处较粗，向远处渐细。

沙漠分布与风速、风向和沙供应量有关。我国西北干旱盆地和内蒙古等地分布着大量沙漠（表 5-2）。其中面积最大的为塔克拉玛干沙漠，约

为 $32.74 \times 10^4 \text{ km}^2$。

表 5-2 我国主要的沙漠

名称	地理位置	总面积 /10^4 km²	流沙面积 /10^4 km²	所属省（自治区）
塔克拉玛干沙漠	北纬 37°～42° 东经 76°～90°	32.74	28.70	新疆
古尔班通古特沙漠	北纬 44°～48° 东经 83°～91°	4.73	0.15	新疆
库姆塔格沙漠	北纬 39°～41° 东经 90°～94°	2.28	1.43	甘肃
柴达木盆地沙漠	北纬 37°～39° 东经 90°～96°	3.49	2.44	青海
巴丹吉林沙漠	北纬 39°～42° 东经 100°～104°	4.71	3.68	内蒙古
腾格里沙漠	北纬 37°54′～42°33′ 东经 105°36′～106°	4.27	3.97	内蒙古、甘肃、宁夏
乌兰布和沙漠	北纬 39°40′～41° 东经 103°52′～107°20′	0.99	0.39	内蒙古
库布齐沙漠	北纬 39°30′～39°15′ 东经 107°～111°30′	1.61	1.89	内蒙古
河东沙地	北纬 36°30′～39°15′ 东经 105°15′～107°35′		0.45	宁夏
毛乌素沙地	北纬 37°28′～39°23′ 东经 107°20′～111°30′	3.21	1.44	内蒙古、陕西、宁夏
浑善达克沙地	北纬 42°10′～43°50′ 东经 112°10′～116°31′	2.14	0.58	内蒙古
科尔沁沙地	北纬 43°～45° 东经 119°～124°	4.23	0.42	内蒙古、吉林、辽宁
呼伦贝尔沙地	北纬 47°50′～49°20′ 东经 117°30′～120°10′	0.91	零星	内蒙古

（4）泥漠

泥漠为干旱区富含盐碱的由黏土组成的平原荒漠，常出现在荒漠的低洼地带或闭塞盆地中心。黏土物质主要由山地河流或暴流搬运而来，堆积后干涸而成。

地球表面过程

在荒漠内的低洼地带，一些暂时性流水带来的泥质沉积，因干旱而呈干裂现象，常有龟裂纹（图5-7）；同时强烈蒸发而使水分减小，盐类物质结晶分布于地面，形成富含盐碱物质、植被稀少的泥漠。若地面全是盐碱，形成盐土、盐壳或盐层则称为盐漠或盐沼漠。它们分布在内陆干旱盆地山前冲积－洪积平原的前缘。我国泥漠主要分布在罗布泊及柴达木盆地。罗布泊曾经是我国的第二大内陆湖，1964年断水，1972年完全干涸。

图5-7　泥漠中出现的龟裂纹

5.2 流水搬运作用及其产物
Flow transportation and its products

流水将侵蚀后的产物，包括崩落、滑落下来的物质随水流带离原地，移动到其他地方的作用，称为流水搬运作用。

5.2.1 流水搬运作用

流水搬运作用与风的搬运作用相似，包括推移、跃移、悬移、溶移等（图 5-8）。

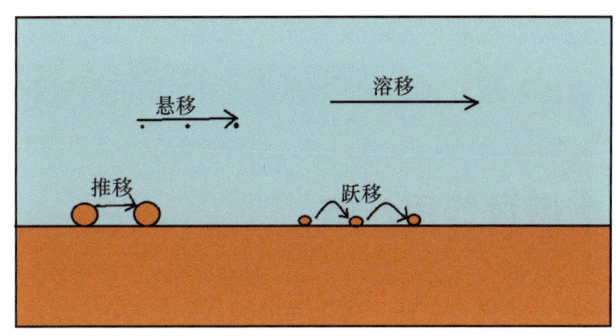

图 5-8　流水的搬运类型

（1）推移

推移是流水使泥沙或砾石沿河床底面滚动或滑动，主要是泥沙或砾石受水流的迎面压力作用所致，类似于蠕移。

（2）跃移

跃移是床底泥沙呈跳跃式向前搬运。流水中的床底砂粒上下部产生压力差，上升力相对增大，泥沙颗粒跃起，被水流挟带前进，泥沙颗粒离开底床后，颗粒上下部的水流流速相等，压力差消失，泥沙颗粒又沉降到床底。如此反复进行，泥沙则呈跳跃式前进。有时，沙粒以较快的速度下落，对床面泥沙产生冲击作用，沙粒会微微反跳起来再随水流一起向前搬运。

（3）悬移

悬移是较细小颗粒在流水中呈悬浮状态搬运，搬运能力主要取决于流速。

(4) 溶移

不同于风的搬运,水介质具有溶解能力,通过岩石的化学风化作用进入水中的离子主要由 HCO_3^-(碳酸氢根离子)、Ca^{2+}、SO_4^{2-}、Cl^-、Na^+、Mg^{2+} 和 K^+ 等组成,这些离子最终被带到海洋中,使海洋具有咸味。具有深层地下来源的溪流通常比来源于地球表面的溪流具有更高的溶解负荷。

5.2.2 流水搬运作用产物

河水流速越快,动力越大,推力越强,搬运能力越强,反之则弱。在流水搬运作用下,岩石的磨圆度比较高。正是由于流速对搬运颗粒物大小的影响,使得在不同位置沉积下来的颗粒物大小有一定规律,也就是分选性。

5.3 冰川搬运作用及其产物

5.3.1 冰川搬运作用

冰川侵蚀产生的大量松散岩块和由山坡上崩落下来的石块,和冰川冻结在一起后，随冰川运动向下游搬运，这些被搬运的岩屑称为冰碛物。由于被冻结的物质大小混杂，被搬运后堆积在同一处，所以冰碛物不具有分选性。

冰川搬运能力极强，它不仅能将冰碛物搬运到很远的距离，而且还能将巨大的岩块搬运到很高的部位。

5.3.2 冰川搬运作用产物

根据冰碛物在冰川体内的不同位置，可分为不同的类型。出露在冰川表面的冰碛物称为表碛，夹在冰内的称为内碛（里碛），位于冰川底部的称为底碛，分布在冰川两侧边缘的称为侧碛，两条冰川汇合后，侧碛合并构成中碛，它们随着冰川运动向下游搬运。在冰川末端的冰碛物，称为终碛（尾碛）（图 5-9）。

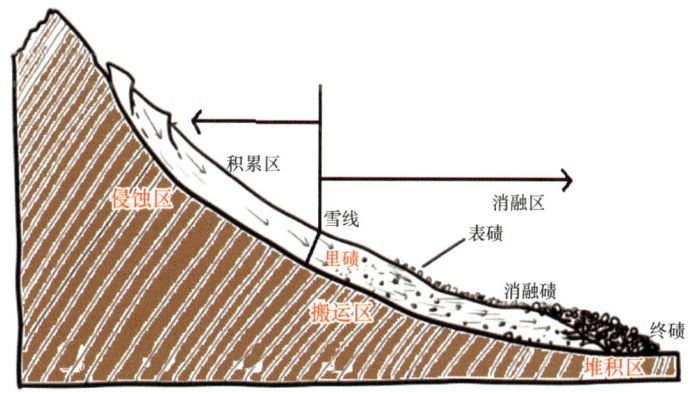

图 5-9　不同位置的冰碛物

厚层的大陆冰川，由于搬运能力非常强，不受下伏地形的影响，可以逆坡面上，把冰碛物搬到高地上。例如，喜马拉雅山的山地冰川，能搬运重量达万吨以上、直径为 28 m 的巨大石块；西藏东南部的一些大型山谷冰川，把花岗岩的冰碛砾石抬高达 200 m。这些被搬运到很远或很高地方的巨大冰碛砾石，又称为漂砾。

第 6 章

沉积作用

6.1 风成堆积与风积地貌
Wind blown deposits and wind blown landforms

6.1.1 风成堆积

由风的沉积作用所形成的堆积物（风积物）称为风成堆积。大部分风成堆积地区分布着风成沙和风成黄土（尘土），在个别强风区（如山隘和峡谷的风口地带）发生大风或风暴时，将沙砾卷起运移一定距离后产生砾石堆积（砾石的粒径可达 2~3 cm），但分布的面积和厚度都很小。

风成堆积具有如下特点：

① 成分：长石、石英的硬度较大，且晶体结构比较稳定，在风的搬运过程中不易被分解破坏，所以风成堆积物的成分主要是长石、石英所组成的碎屑物。

② 沙粒表面特征：沙粒相互撞击，因而表面产生许多凹坑。石英砂的表面因相互撞击摩擦而成毛玻璃状，暗淡无光。较粗大的石英砂，有时被撞击，形成新鲜的贝壳状断口。

③ 颜色：风成堆积物的颜色各种各样，以黄色、灰色、白色居多。石英砂的颗粒表面因受氧化铁等的染色，常呈浅黄棕色、肉红色或灰黑色。

④ 分选性：风在运动中能量将逐渐减弱，其搬运能力也逐渐减小，各种不同粒度的碎屑物也逐渐沉积下来，因此风成堆积物有很好的分选性，粒度大小随风向展布，上风方向颗粒较大，下风方向颗粒较小。中国西部有世界上最典型的风成堆积物，其粒度分布由西向东逐渐变小。

⑤ 磨圆度：风在搬运过程中的磨蚀作用会对碎屑物颗粒进行反复磨圆，由于空气的密度很小，空气中的碎屑物可以被磨得更细、更圆。实验表明，水中的碎屑物粒径 < 0.05 mm 时，便不再被磨圆；而风中的碎屑物粒径 < 0.03 mm 时，仍可继续磨圆、磨细，特别是粒径为 0.5～1 mm 的粗沙其磨圆度一般都较好，可见风成堆积物具有良好的磨圆度。

风成岩石或风成堆积物中常可见到斜层理（图6-1）。斜层理的形成与碎屑物的运动形式有关，尤其是与新月形沙丘的形成有关（图6-2）。

图6-1　岩层中的斜层理　　　　图6-2　沙漠中常见的新月形沙丘

新月形沙丘是沙漠中的常见地貌。在单向风的作用下，沙粒由于风的搬运作用不断地向前推进，随着风停止运动，沙粒也停止运动而堆积成沙丘，沙丘在单向风的不断改造下逐渐地演变成新月形。

新月形沙丘的迎风坡和背风坡的坡度不一样：迎风坡的坡度较缓，在 10°～20°之间，背风坡的坡度较陡，在 30°～35°之间（图6-3）。风在搬运

地球表面过程

过程中，沙丘的迎风坡遭受侵蚀，沙粒从迎风坡向前运动到背风坡处向下滑落，形成稳定的坡面沉积下来（图6-4a）。一般来说，随着风速的增大，地表的沙粒由细到粗先后启动，当风力较强时，对颗粒的吹蚀搬运作用也强，保留在沙地上的是相对较粗的颗粒，特别在沙丘的迎风坡的顶部，留下的粗砂粒更多，若继之而来的是弱风，则以沉积为主，即在较粗的沙粒层上，沉积了较细的沙粒，这样反复进行，就形成许多极薄的微层，其厚度一般是几毫米，个别也有数厘米的。随着沙粒的迁移，在沙丘前部逐渐形成斜层理（图6-4b）。有的地区偶而也有重矿和轻矿的富集微层交替出现。风向发生改变时，沿着沙粒的前进方向又会形成新的沙丘，同时形成新的斜层理（图6-4c）。

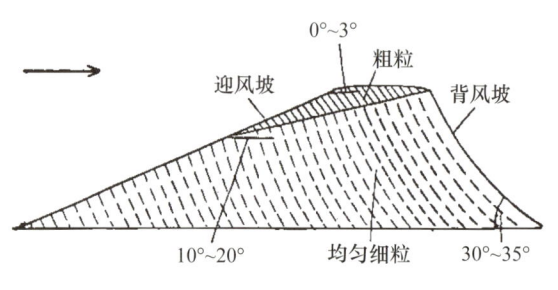

图6-3 风成沙的斜层理

由多层不同倾斜方向的斜层理组成的岩石层理称为交错层理。交错层理分布在背风坡，由于沙丘发生逐次的重力堆积而成的微层，其倾角较大，一般为25°~34°，但在背风坡的坡脚微层又变小，单个微层的厚度一般

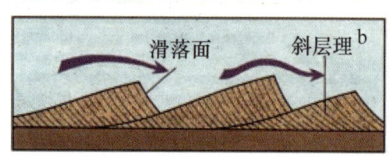
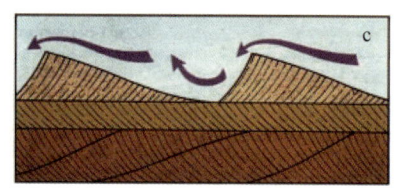

图6-4 斜层理和交错层理的发育过程

为 2～5 mm，交错层理不如斜层理清晰。当风向发生变化，例如，两个相反的风向（图 6-5）交替出现，迎风坡和背风坡微层也交替出现。风向愈复杂多变，交错层也愈复杂。

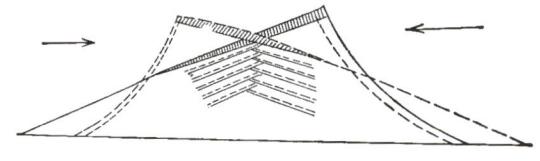

图 6-5　风成沙的交错层理

6.1.2　风积地貌

风积地貌是指被风搬运的物质（沙、粉沙和尘土等）在一定条件下沉积成的地貌。依据搬运物质的颗粒大小大致可以分为沙质风积地貌和黄土地貌。

6.1.2.1　沙质风积地貌

（1）沙波纹

风成沙波纹是沙地和沙丘表面分布最广的呈波状起伏的微地貌。其排列方向与风向垂直。相邻的两个沙波纹的脊线间距，一般为 20～30 cm，也有更宽和更窄的。风力愈大，沙粒愈细，则脊间距愈大，脊也愈高；反之，愈小愈低。脊间距可宽达 40 多厘米，脊高达 10 多厘米（图 6-6）。

图 6-6　荷兰艾莫登海滩的沙波纹

地球表面过程

沙波纹主要是颗粒大小不等的沙面，经风的作用，产生颗粒的分异，某一段被带走的多于带来的沙粒，这样就形成微小凹凸不平的沙面或小洼地。同时跃移质下降时对沙面带来冲击（图 6-7），在洼地的背风面（AB）稀，受冲击力弱，在迎风面（BC）密，受冲击力强，这样迎风面沙粒外移率大，促进原洼地进一步发展。当 C 点带来的沙粒多于被带走的而不断加高时，CD 就形成为背风坡，而迎风坡同样会变为第二个洼地。这样反复进行，就形成有规则的沙波纹。

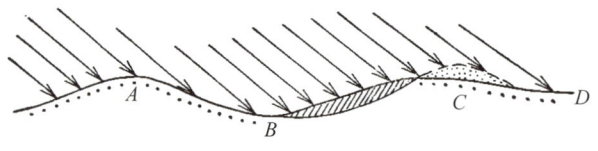

图 6-7　沙粒降落时对沙面的冲击

沙波纹的波长与跃移质的轨迹长度是重合的，波长随风速增大而增大。若风力过大，风沙流的输沙率很强，也会使沙波纹消失。沙波纹的波高与波长之比一般在 1∶15 或 1∶10 左右，最粗的沙粒聚集在波峰上。

（2）沙堆

沙堆的大小不等，形状各异，一般高度不超过 10 m，长数十米至数百米。它主要是风沙流遇到了障碍物（如突出的基岩或灌木丛，图 6-8）时，就在背风面产生涡流，消耗气流的能量，引起风速的减小，在背风面沙粒就发生沉积成为沙堆。

图 6-8　塔克拉玛干沙漠中的灌木丛沙堆

沙堆最初成蝌蚪状（图6-9a）。这是因为障碍物两侧的气流未受阻滞，流速较快，两侧间形成了与轴向垂直的涡流，将两侧的沙粒卷入中间，使沙堆沿风向伸展，形成平行于风向的蝌蚪状沙堆。沙堆形成后，自身变成风沙流的更大障碍，使沙粒堆积得更多。一般从上源带到沙堆上的沙量，有35%不能被搬走而堆积下来。在沙源丰富的地区，特别是在强风作用下，沙堆会不断扩大，形成盾状沙堆（图6-9b）。沙粒沿迎风坡跳跃，滚动前进，比较粗大的在顶部停积，一部分继续运移到背风坡。若风沙流的输沙率通过沙堆前大于通过后时，沙堆就不断增高变大，发展为新月形沙丘。

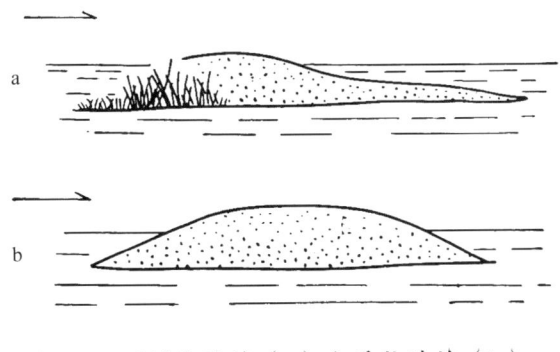

图6-9　蝌蚪状沙堆（a）和盾状沙堆（b）

当风沙流的沙源不够丰富，水分条件又较好，地面生长植物（常常是不连续的草丛和灌木丛）时，便堆积成各种不同形状的草丛或灌木丛沙堆。它们在平面上多呈圆形或椭圆形，大小不等。其高度与植物生长有关，若沙堆的高度不断增长，植物的根系不能达到给水层时就会枯死，再不能阻碍风沙流了，因此沙堆的增高就有一定的限度，一般为1~5 m，个别也有达到10 m的。

（3）沙丘

沙丘是在风力作用下，沙粒堆积成的圆形、椭圆形或新月形的地貌形态。依风力和沙丘形态之间的关系，主要分为新月形沙丘、新月形沙丘链、横向沙丘、纵向沙丘和星状沙丘等（图6-10）

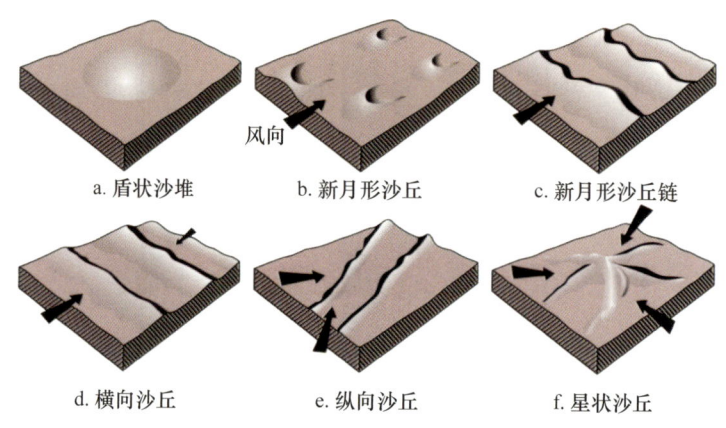

图6-10　几种主要沙丘类型示意

① 新月形沙丘。

沙丘的平面形如新月，故称为新月形沙丘。它的两侧有顺风延伸的翼角，这是由从沙丘两侧绕过的、具有垂直轴涡旋的环流造成的。两翼之间的交角大小取决于主风风速的大小。风速愈大则交角愈小。在纵剖面上是两个不对称的斜坡（图6-11），迎风坡凸出而平缓，坡度为10°~20°；背风坡凹而陡，坡度为30°~35°（图6-12）。这种

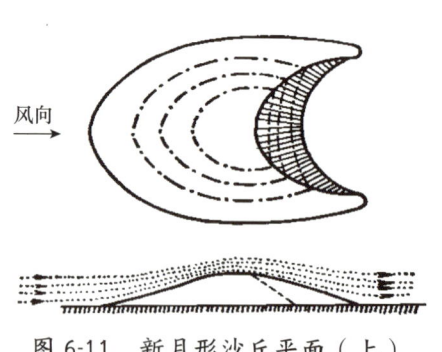

图6-11　新月形沙丘平面（上）和纵剖面（下）示意

沙丘的高度不大，一般 1~5 m，很少超过 15 m，个别可达百余米。

新月形沙丘是从盾状沙堆（图 6-10a）演化而来的。风沙流经过沙堆时，流线与沙堆表面不分离（图 6-13a）。随着盾状沙堆的发展，地形

图 6-12 新月形沙丘

的起伏不断加剧，影响地面附近气流压力的分布。在迎风坡随着高度的增加，压力逐渐减小（顶部最小），然后沿背风坡向下又逐渐增高，到坡脚恢复正常。由于这种压力差，气流从压力较大的背风坡的坡脚流向压力较小的沙丘顶部，形成涡流，它使背风坡开始形成浅小的马蹄形凹地（图 6-13b），然后进一步扩大，成为幼年新月形沙丘。正因为压力的变化，风速在迎风坡随高度逐渐增大（沙丘顶部最大），输沙率也相应增加，沙粒被气流搬运；过沙丘顶后，风速沿背风坡向下逐渐减小，饱和的风沙流因输沙率变小，在背风坡发生沉积。

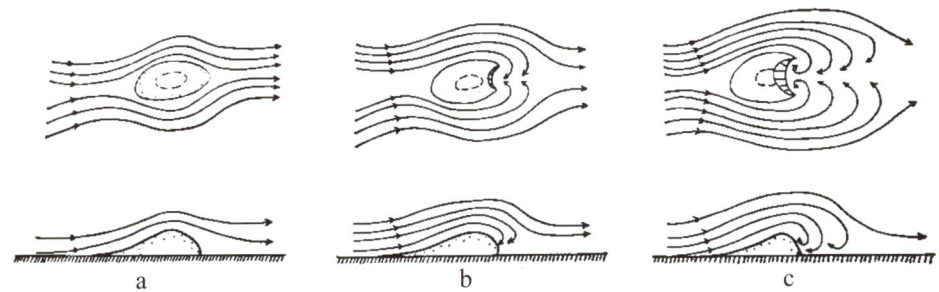

图 6-13 盾状沙堆发育为新月形沙丘

随着风速和来沙量的增加,沙丘不断增大,相应气流通过背风坡时,形成的涡流作用愈来愈强,使浅小马蹄形的洼地不断扩大,在洼地中沉积的沙粒也会愈来愈少。所以,在背风坡,沉积量相对最大的位置愈来愈向沙丘的顶峰附近移动,坡面变陡,相应堆积愈高,最后的坡角达到沙粒最大休止角(28°~34°),形成弧形丘脊。风沙流携带的沙粒从迎风坡翻越丘脊后,因重力作用沿背风坡而下滑,落在洼地内。其中部分沙粒又被涡流吹向四周,这时就形成典型的新月形沙丘(图6-13c)。

新月形沙丘在向前移动过程中,沙粒不断在背风坡发生下滑堆积,在沙丘内部形成顺风向的斜层理。新月形沙丘移动的速度除受风力大小、沙源和沙中水分含量以及植被等条件影响外,还与沙丘的高度成反比关系,即在同一风力条件下,沙丘的高度大,移动速度慢,因为需要消耗更多的能量。所以,沙丘的两侧前移速度比中央快,而新月形沙丘的沙脊高度自中央向两侧逐渐减至零,因此,新月形沙丘在塑造和移动的过程中始终保持有两翼。

② 抛物线沙丘。

这类沙丘的形态特征与新月形沙丘相反,即沙丘两翼指向来风风向,迎风坡平缓而凹进,背风坡陡急呈弧形凸出,平面图形好似一条抛物线,称为抛物线沙丘(图6-14,图6-15)。

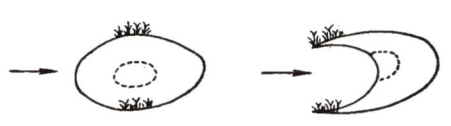

图6-14 抛物线沙丘

图6-15 抛物线沙丘(风向向东)

植物在抛物线沙丘的形成中起了很大的作用。如在水分条件较好的地面，沙丘的两侧边缘植物一般生长良好，从而阻碍了沙丘的移动，沙丘中部没有植物固定的部分，在风力作用下继续前移，最初略微向前突出，以后就逐渐形成弧形的抛物线沙丘，其高度一般为 2~8 m。如果风力较大，抛物线沙丘的中部未被植物固定的部分继续向前伸延，使原生抛物线形沙丘变得越来越长，形成发针形沙丘。风力继续增大，沙丘继续前移，致使中部断开，形成与风向平行的低矮的纵向双生沙垄。

③ 横向新月形沙丘链。

在沙源供应丰富的情况下，密集的新月形沙丘相互连接，它们与风向垂直分布，故称为横向新月形沙丘链，其高度一般为 10~30 m，长为几百米至几千米。在风向单一的地区，沙丘链在形态上仍然保持原来新月形的特征（图 6-16），而在两个相反方向的风力交替作用的地区，整个沙丘链的平面形态比较平直，剖面形态往往是复式的，顶部有一摆动带，背风坡的坡度较缓（图 6-17）。新月形沙丘链在变化不大的气流作用下多为平行新月形沙丘链，有时新月形沙丘链前后互接，它们往往是前后往返移动。这种风积地貌在我国季风气候区的沙漠比较发育，如腾格里沙漠，冬季西

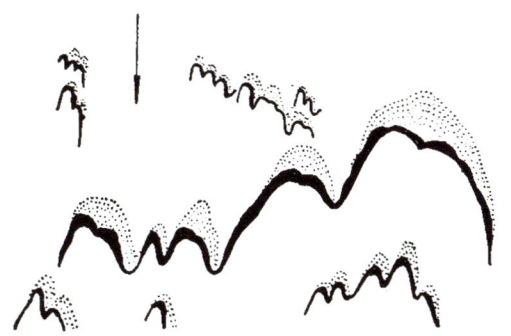

图 6-16 新月形沙丘链平面示意

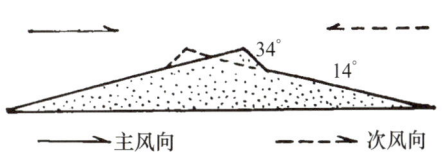

图 6-17 顶部摆动的沙丘链剖面示意

北风盛行，夏季东南季风亦能达到，因此在这里形成北东－南西走向的新月形沙丘链（图6-18）。

图6-18 新月形沙丘链（腾格里沙漠）

④ 新月形沙垄。

在两种风向呈锐角斜交的情况下，新月形沙丘的一翼向前延伸很长，而另一翼相对退缩成小钩状的新月形沙垄。图6-19为新月形沙丘发育为新月形沙垄的过程。

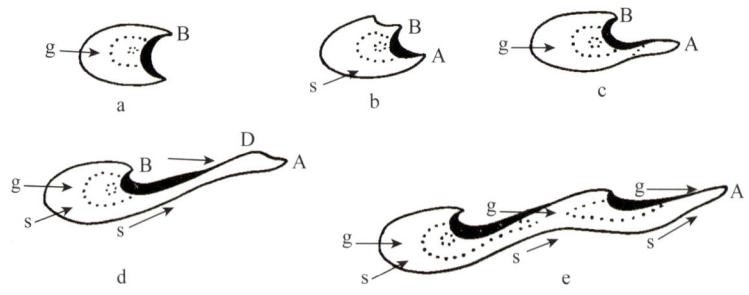

图6-19 新月形沙丘发育为新月形沙垄的过程

图a表示来自主要风向(g)的稳定风形成的最初的新月形沙丘。

图b表示从新的风向（s）吹来的暴风可能造成的后果，迎风A翼顺新风向前进，同时因为有大量新沙沉积，所以 A 翼日益增大。如果这样的风延续不断，新月形沙丘则会沿着 s 轴形成一个新的对称的形式，即 B 翼将日渐萎缩，一个新翼则在 B 点出现。

图 c 表示风向又转变为 g 时，新月形沙丘迎风面恢复原先对称形式。但在背风面上，肥大的 A 翼又会沿 g 的方向伸长，若 A 翼已经伸长到超出稳定的极限，则在风力 g 作用下，受沙丘体掩护作用也比较小，风力作用将使其高度降低，并向下方延伸，形成一条低矮的沙舌。

图 d 表示经 g 风和 s 风长期作用后，A 翼逐渐向 s 风向伸长，当达到 D 点时，翼尖 D 可以在两种不同的风情下得到沙粒的补给，所以它比后面的连接臂部成长得更快，结果就逐渐形成一个新的新月形沙丘。

图 e 按照上述过程继续不断地重演，最后就形成新月形沙垄。

新月形沙垄进一步发展，往往使尾部的新月形沙丘形态变得不明显，甚至消失。仅遗留下由一翼延伸所成的沙垄。我国阿尔金山北麓由这种作用形成的沙垄长达 5 km 以上。

另外，沙垄也可由只发展一翼的多个草丛或灌丛沙堆互接而成。它在发展过程中与邻近的沙垄互接就形成树枝状的沙垄。这种沙垄的长度可从数百米到 10 余千米，高度 10 ~ 50 m，沙垄间的宽度可从数百米到几千米。它多是固定或半固定状况，在我国北疆的古尔班通古特沙漠区较常见。

⑤纵向沙丘。

纵向沙丘是相互平行的长条形沙岗。其长轴平行于盛行风向或两股风的合成矢量方向，其脊线连续、略有曲折（图 6-20）。纵向沙丘内部有交错层理，交错层向两侧倾斜，其倾向与沙脊走向垂直。沙丘的高度为 10 ~ 50m，最大可在 200m 左右。长度可达 120km。相邻沙丘之间距离为 0.5 ~ 3km，比较开阔。

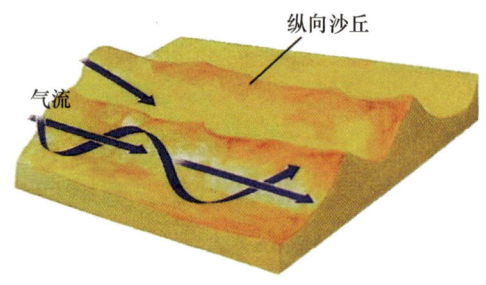

图 6-20　纵向沙丘形成示意

纵向沙丘广泛见于澳大利亚中部、北美北部、阿拉伯半岛以及我国塔克拉玛干沙漠西南部的麻扎，塔格以南，皮山以北地区。

⑥ 金字塔沙丘（星状沙丘）。

金字塔沙丘又称为星状沙丘或角锥状沙丘。沙丘具有 3~4 个三角形斜面，因而有 3~4 条沙脊交汇于丘顶（图 6-21）。沙丘高几十米，斜面坡度 25°~ 34°。

图 6-21　金字塔沙丘

金字塔沙丘是在多风向，而且风力相差不大的情况下发育起来的，特别是主风向向前流动时，遇到山势阻碍而产生折射，引起气流发生干扰时最易产生。在我国塔克拉玛干沙漠的昆仑山北麓，当东北风和西北风前进时，遇到山地屏障，使前进的气流发生干扰，形成巨大的漩涡；同时，还受山前地带局部气流的影响（如西南风等），因而风向复杂，各种方向的风相互作用，把沙粒吹扬并堆积起来，形成金字塔沙丘。此外，当沙漠下伏地面有起伏，特别在有残余丘陵和台地的地区，更易形成金字塔沙丘。它一般是以个体分布的；但也有一个接一个而组成一个狭长的、不规则的垄岗；在一些密集迭置沙丘链地区，由于沙丘链的丘脊线相交，形成若干个别高起的尖的角锥状体，如同金字塔顶一样，但不是一个完整的金字塔沙丘体。

另外，地面在风积作用下，在干旱地区还有一种比较大的风积地貌类型——沙地。它是在沙漠地区分布范围很大而又比较平坦的堆积地貌。这里的风沙粒径比较均一，当发生大风暴时，地面会出现与风向平行的一条条沙带，一般高 1～2 m，长度能达几百米。

在一些强风区，特别是一些山隘、峡谷，易形成特大的强风，产生一些少见的风积砾石堆积地貌。

沙丘地貌的形态虽然很多，但从形态与风的关系上可归纳为三种类型：

① 横向沙丘——沙丘走向与起沙风、合成风的风向相垂直，或成大于 60°的交角。如新月形沙丘和沙丘链、抛物线沙丘等。

② 纵向沙丘——沙丘走向与起沙风、合成风的风向相平行，或成小于 30°的交角。如新月形沙垄、沙垄等。

③ 多向风作用下的沙丘——沙丘是在具有多方向、大致相等的起沙风影响下形成的。如金字塔沙丘等。

为了调查研究沙丘的活动程度，也常把沙丘分为：流动沙丘、半固定沙丘和固定沙丘三种。

6.1.2.2 黄土地貌

黄土多分布于干旱半干旱区。黄土指在干燥气候条件下形成的多孔性具有柱状节理的黄色粉性土。它是第四纪时期形成的土状堆积物,是风力作用搬运堆积的。在堆积过程中和堆积以后,有其他营力的参与,造成独特的黄土地貌。在黄土地貌的形成中,流水对黄土的侵蚀作用十分显著,我国黄土地貌就是第四纪时期风积黄土作用和流水侵蚀作用共同塑造的。

(1) 黄土沉积

从全球来看,黄土覆盖面积约占地球表面的10%,集中分布在温带和沙漠前缘的半干旱地带。从地理上来看,黄土主要分布于中亚以及我国的西北、华北和东北一带。

中国黄土与黄土状堆积物的面积大约 6.3×10^5 km^2,占我国国土面积的6.6%,主要分布于昆仑山、秦岭以北,阿尔泰山、阿拉善和大兴安岭一线以南。黄河中游的黄土高原是黄土大面积分布区,海拔高程多在1000 m以上,亦是世界上最大的黄土高原,其范围横跨青海、宁夏、甘肃、陕西、山西、河南六省(自治区),面积 4.4×10^5 km^2(图6-22)。黄河水之所以浑浊,就是因为流经黄土高原时河水中携带大量泥土。

我国黄土的厚度一般在 50～150 m,六盘山以西厚度超过200 m,最厚处在兰州,达300 m以上。世界其他各地黄土厚度多在50 m以下。因此,我国无论是黄土分布的面积还是黄土的厚度,都居世界之冠。

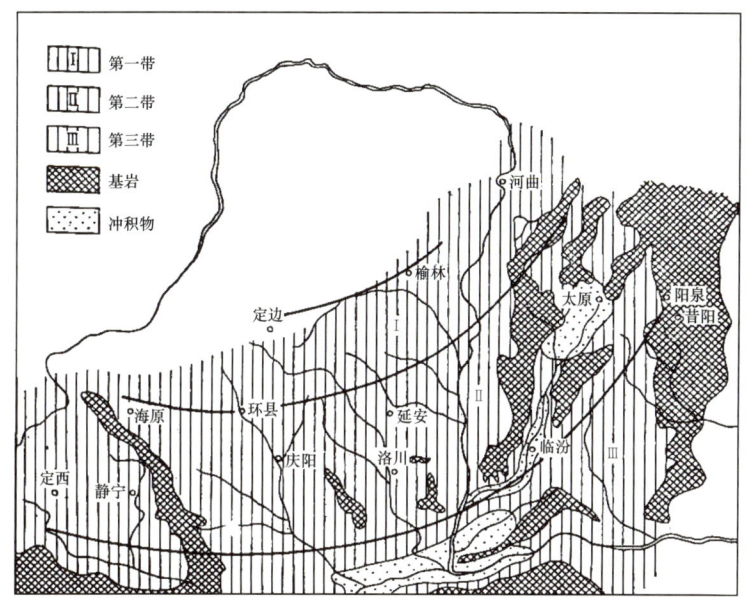

图 6-22　黄河中游马兰黄土分布与分带

黄土的分布区不受地形限制，可以覆盖在山地、沟谷和平地上，其外观呈灰黄、棕黄，土状，疏松多孔，孔隙度高达44%～55%。黄土颗粒以分选性良好的粉砂质为主，大部分颗粒直径为0.1～0.005 mm，由于悬运过程中颗粒之间碰撞少，磨圆度一般较差，一般呈次棱角状和棱角状，但大颗粒磨圆度较好。黄土质地均一，无层理，但垂直裂隙（节理）发育，遇水易剥落。黄土的化学成分以SiO_2、Al_2O_3为主，CaO也较多，矿物成分以石英和长石为主，两者之和占总量90%左右，绿帘石、磁铁矿、黝帘石、角闪石等占4%～10%，不稳定矿物如黑云母、辉石等极少，含少量$CaCO_3$淋滤成的结核。

原生黄土由风对沙漠物质的搬运和沉积而形成，故可均匀地覆盖在起伏不平的地面上。黄土堆积属于干燥或干冷气候条件下的产物。

地球表面过程

一般认为,风成黄土是干旱沙漠地区由强大的风力将细粒物质吹到外围草原地带堆积而成,或古大陆冰川冰水沉积物中细粒物质吹送到外围草原地带而成。我国的黄土主要是由于西北风(季风)将西伯利亚、蒙古及新疆内陆干旱地区粉沙尘土带入并堆积下来而形成。

据观测,现在仍在进行着黄土的堆积,华北地区高空取样分析,发现西风把大量的粉尘和尘土从西伯利亚、蒙古等内陆地区经由我国新疆带到我国华北地区沉积,沉积速率为每年 1 mm。据此速率,按最大厚度 400 m 计算,可见我国黄土是最近 40 万年的年轻沉积物。次生黄土为河流搬运沉积的产物。

(2)黄土地貌

风成黄土是另一种堆积型地貌(图 6-23)。黄土的形成是风在搬运过程中的分选作用形成的,风在搬运中随着风力的减弱,粗的碎屑物首先沉积下来形成沙漠,随后是细砂、粉砂,最后沉积的是黄土。位于我国陕西、内蒙

图 6-23 黄土高原是典型的风成堆积物

古一带的黄土高原就是盛行西风带长期作用的结果,并在我国西部形成由西向东颗粒逐渐变细的、不同类型的风成堆积物。

① 黄土塬。

黄土塬是黄土高原经过现代沟谷分割后存留下来的四周陡、顶上平的高地(图 6-24)。塬面平坦,边缘地带的平均坡度也都在 5°以下,水土流失轻微。塬的周围为沟谷环绕,沟头溯源侵蚀迅速,使塬边在平面上呈花瓣状。塬面经沟谷强烈分割后呈指状的,称为破碎塬。

塬是在比较平坦的古地面(夷平面、盆地面、倾斜平原和开阔的阶地面等)上经风积黄土覆盖而成的。黄土最厚时可达 100 m,所含古土壤层的产状也很平坦。

② 黄土梁。

黄土梁是长条状的黄土丘陵,长几百米至数十千米,但宽度仅几十米到数百米(图 6-25)。梁的脊线起伏较小,但横断面呈明显的穹状,坡度达 20°左右。梁状坡形随其所在部位而有不同,沟头部位附近的梁坡多为凹形斜

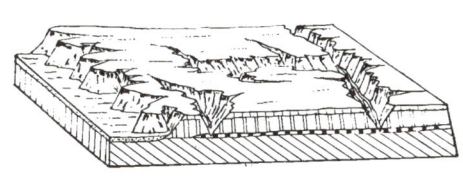

图 6-24 黄土塬

图 6-25 黄土梁

坡，梁嘴部位附近为凸形斜坡。

黄土梁是马兰期黄土覆盖在梁状古地形上的产物，这些梁状古地形系由基岩和早期黄土堆积组成。

③ 黄土峁。

黄土峁是孤立的黄土丘，顶部浑圆，斜坡较陡的黄土小丘，呈圆穹状（图6-26）。峁坡均有凸形斜坡，坡度也可达到20°左右。两个峁之间有地势显著凹下的分水鞍。若干连接在一起的峁，称为峁梁。有时峁称为黄土梁顶的局部组成体，称为梁峁。一般来说梁和峁通常是互相联结在一起的，所以常用黄土丘陵来概括。

图 6-26　黄土峁

峁的生成与梁一样，但是小型的峁常常因梁受沟谷分割而成。

6.2 流水沉积作用及其产物
Sedimentation of Flowing Water and Its Products

6.2.1 流水沉积作用

当流水水量减少，或流速减慢，含沙量增加时，流水的搬运能力减弱，所携带的泥沙等物质先后沉积下来。河流沉积物的分布规律是上游颗粒最大、中游次之、下游最小。

6.2.2 流水沉积地貌

6.2.2.1 浅滩与深槽

在河床底部分布着不同规模的泥沙堆积体，它们有的分布在岸边，称为边滩，有的分布在河心，称为心滩。浅滩与浅滩之间较深的河段，称为深槽。浅滩的形成是河流输沙能力减弱的结果，大多数是在流速突然变小的区域，环流减弱或消失，洪枯水流通道不一致等情况下产生的。在河流或者狭窄河段，因水流冲刷强烈，而形成深槽。

地球表面过程

浅滩与深槽的成因有以下几种：

① 在弯曲河道中，由于横向环流的存在，凹岸易被侵蚀形成深槽，凸岸泥沙堆积形成浅滩，即边滩。弯道与弯道之间，若距离相隔较近，由于两个弯道横向环流方向相反，因此在中间河段，环流基本消失，河流输沙能力减弱，泥沙堆积形成浅滩。若河床底部为汇合型横向环流，形成心滩；如果是辐散型横向环流，河床将侵蚀形成深槽。

② 洪水期当水流在较狭窄河段通过时，由于河道狭窄，在河道中聚集大量水流，水面比降变小，水流搬运能力减弱，泥沙堆积形成浅滩；在河道突然展宽的河段，洪水流速加快，水面落差变大，侵蚀搬运能力增强，侵蚀形成深槽。

③ 主支流交汇处，有两种情况可形成浅滩：洪水期主河先涨水，使支流河口以上河段落差变小、流速放缓而泥沙堆积，形成浅滩，或者支流带来大量泥沙，主支流汇合处由于顶托作用，流速较慢，堆积形成浅滩。

④ 人工建筑物、河床中修建渡桥、挡水坝等，都会使上游河床水位增高，搬运能力减弱而使泥沙堆积，形成浅滩；不适当地截弯取直河道，流速增大，河床强烈冲刷，也能在取直河道出口的下游平缓处形成浅滩。

由于河水不断地向下游运动，河床上的浅滩和深槽的位置通常也是以缓慢的速度逐渐下移的，随着河床中洪水期和枯水期水文状况的改变和横向环流的变化，形态也会发生变化。

6.2.2.2 沙波

沙波又称为"波痕",是河床中由沙粒堆积形成的波状微地形。沙波迎水波较缓,背水波较陡。水流在一定流速下,一定粒级的泥沙被掀起搬运,使河床底部出现微小的起伏,而起伏又使得接近床面的水流发生扰动,形成漩涡流,加剧河床底部的凹凸不平,形成沙波。水流不断搬运沙波迎水坡上的沙粒,在背水坡堆积下来,沙波便不断向下游移动,称为顺行沙波;在浅水区,由于水浅,水面受底部河床沙波的影响也呈波形,水流在上坡的时候流速减缓,加上重力作用,一部分沙粒在迎水波沉积,水流在下坡位置流速加快,冲刷河床,将背水波的泥沙搬运到下一个沙波的迎水坡堆积下来,称为逆行沙波。逆行沙波的沙粒虽然沿河流向下游搬运,但作为沙波,却呈现徐徐向上游方向移动的现象。沙波的脊线走向与河床中水流方向垂直,与河岸线斜交,使枯水期河床的凸岸边线形成许多小沙嘴,它们略向下游斜伸,沙嘴之间成为小河湾。

6.2.2.3 河漫滩

河流洪水期淹没枯水期出露的河床两侧,称为河漫滩。平原河流河漫滩较宽广,曲流河段的河漫滩只分布在河流的凸岸,山地河谷比较狭窄,洪水期水位高度较大,河漫滩的相对高度比平原河流的河漫滩要高,宽度较小。

由于横向环流作用,河床一岸侵蚀,谷坡不断后退,原先的"V"形河谷逐渐展宽,被侵蚀的物质一部分堆积在河床底部,另一部分较细小的颗粒被环流带到另一岸堆积,形成河床浅滩。枯水期有一部分河床浅滩露出

地球表面过程

水面，河床开始弯曲，如果河床继续向凹岸方向移动，凸岸的河床浅滩不断堆积展宽，以至枯水期露出水面，形成雏形河漫滩。河谷继续展宽，洪水期水流淹没雏形河漫滩，将细砂或黏土物质搬运到这里堆积，在较粗粒雏形河漫滩沉积物之上覆盖了一层薄薄的细粒物质，雏形河漫滩转化为河漫滩。

在宽阔的河床上会出现分汊水流，于是出现两股相对的横向环流，泥沙在河床中部堆积，形成水下浅滩，随着浅滩逐步扩大，在枯水期时露出水面就形成了心滩，称为心滩式河漫滩。心滩前端水流速度大，易受冲刷，滩尾有一低速区有利泥沙沉积。东西侧翼河水分流，受狭管效应影响，流速快，沉积物以颗粒大的砂砾物质为主，细小的颗粒不易沉积。因此往往是滩头崩退，两侧粗粒沉积，滩尾淤涨，心滩不断下移。心滩枯水期露出水面，丰水期没入水面。

洪水期时，河流横向环流作用加强，从河床底部流向河漫滩的水流可带动大量沙粒，在河漫滩边缘，水流流速急剧降低，沙粒便在河床与河漫滩交界处堆积。洪水退后，这些堆积物出露在水面以上，形成一条沿河床凸岸分布的"长城"，这就是滨河床沙坝。滨河床沙坝分布在河床凸岸边缘，其两坡不对称，朝向河床的一坡是缓坡，向岸的一坡是陡坡，高度可达数米（图 6-27）。

河床侧方移动常常是多次进行的，在每次侧方移动中都能形成曲度略微增大的新滨河床沙坝，它们组合成扇形，称为迂回扇。迂回扇中的沙坝一般向下游方向聚合，向上游分散。图 6-28 中 "→" 为河流移动方向，数字 1—4 表示由早到晚的沙坝形成时间。

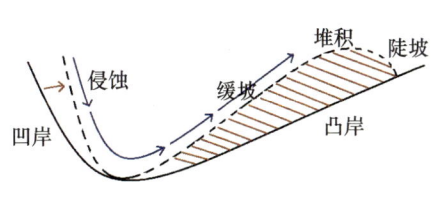 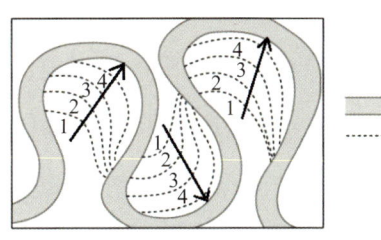

图 6-27 滨河床沙坝形成示意　　　图 6-28 沙坝的形成过程

河漫滩的发育取决于许多条件，如水文、植被、气候、地质和地形等。水文条件的影响主要表现为洪水的上涨高度、持续时间和涨落水的速度。每次洪水上涨高度高，持续时间长，有利于河漫滩堆积。洪水上涨速度很快，流速也快，在河漫滩上的低洼地形中可能形成局部环流系统，低地内的物质被带到洼地两侧，加大河漫滩上的地形起伏。洪水上涨速度很慢，河漫滩上水流速度很小，横向环流作用非常微弱，悬浮物则在低洼处堆积，使地形变得更加和缓，尤其在洪水退落时，持续时间长，可形成较多的堆积。

流域范围内的地面植被好坏影响地面侵蚀强度，从而影响河流的含沙量。植被茂密的地区，坡面受流水侵蚀影响较小，被侵蚀的泥沙较少，带入河流中的泥沙较少，河漫滩堆积作用弱；反之，地面植被稀疏，坡表侵蚀程度强，水土流失严重，带入河流中的泥沙增多，洪水期河漫滩的堆积作用加强。

不同气候区的河水水文状况和含沙量的变化都不同，从而河漫滩的发育情况也不同。在高山高纬度地区，河流的洪水往往来源于冰雪融水，如果高山森林植被较丰富，则一部分冰雪融水会被截留在枯枝落叶层中，慢慢地进入河流，河流中的洪水位低，河漫滩沉积物不多。在湿热地区，降水量大且集中,在较短时期内河流中能形成很高的洪峰,此外,由于化学风化作用强盛,大量的风化黏土物质被带到河流中,如果地面植被被破坏,河流中的含沙量较大,河漫滩相堆积物多,堆积层厚。半干旱气候区,虽然年降水量不多,但非常集中,所以河流中能在较短期内水位迅速上升,河漫滩相堆积物厚。温带季风气候区,一年中有明显的雨季,河流中的水位迅速上升,在河漫滩上能形成比较固定的河漫滩相堆积物。

地质地形因素对河漫滩发育的影响主要表现在流域范围内土质情况。流域内的土质结构松散,易被侵蚀,河流中的泥沙含量高,每次洪水带来大量泥沙堆积在河漫滩上,河漫滩相堆积物厚度就大;如在流域内基岩裸露,在同样条件下,河水中的含沙量比土质结构松软地区的河流含沙量少得多,河漫滩相堆积物不发育。

6.2.2.4 洪(冲)积扇

山麓地带由于地形坡度急剧变缓,河流水流分散,流速减慢,从山上携带下来的大量砾石和泥沙在山脚堆积,形成一个半锥形的堆积体,平面呈扇形,称为洪(冲)积扇。干旱区发育的洪积扇的面积比半干旱和半湿润地区发育的洪积扇的面积要大得多。洪积扇出山口处称为扇顶,扇的外围边缘部分称为扇缘,从扇顶到扇缘之间的地带称为扇中,它们之间没有明显的界线。由扇顶到扇缘的地形剖面线呈下凹形,坡度一般小于10°。

从平面看,随着流速减慢,洪积扇扇顶堆积较粗大的砾石,由扇顶向扇缘的堆积物颗粒逐渐变细。从剖面上看,洪积扇的底部主要由黏土或亚黏土物质组成,垂直向上物质逐渐变粗,由砂砾石组成,这是当洪积扇发育时,每次洪水水量增大,带来砂砾物质增多,后一次堆积超覆前一次堆积时才能形成。总体上看,洪积扇上层砂砾含量多,孔隙大,透水性强;下层黏土含量多,孔隙小,透水性弱。当地表水下渗转为地下水时,遇到黏土层,垂直下渗的水流流速变慢,地下水转为水平流动,到了洪积扇的边缘,地下水位接近地面,最终变成泉水出露。因此,洪积扇的边缘地带常是人类经济活动场所,居民点和农田大多分布在这些地方,即干旱区的绿洲。

气候变化、构造运动会导致洪积扇形态发生改变。气候变化主要表现在河水流量的变化、流速、河流搬运能力的强弱。如果气候逐渐变得湿润,而植被尚未完全恢复,河流水量增加,流速加快,搬运的泥沙含量增多,堆积物堆积范围扩大,洪积扇面积变大,较粗粒物质可能堆积在前一时期较细粒扇缘物质之上,且洪积扇的纵向坡度变缓。当气候变干时,河流水量减少,搬运泥沙能力较弱,携带来的泥沙只能在洪积扇的扇顶和扇中部位堆积,洪积扇的范围缩小,坡度变陡。

构造运动对洪积扇的发育有直接影响和间接影响两种情况。如果在洪积扇范围内发生构造运动,洪积扇的平面和内部结构将受到直接影响。如果在洪积扇上游流域山地的构造运动性质发生变化,侵蚀作用可能增强,亦可能减弱,使洪积扇的物质来源增多或减少,从而洪积扇的发育受到间接影响。当上游山地抬升较快,河流侵蚀加强,携带的泥沙含量增多,洪积扇物质来源增多,颗粒也较大,使洪积扇面积扩大并超覆以前的洪积扇,剖面中从下往上沉积物颗粒变粗。当山地停止上升之后,搬运物质量相应减少,颗粒也变细小,洪积扇面积缩小,剖面中从下往上颗粒变细。

地球表面过程

6.2.2.5 冲积平原

冲积平原是在地形平坦区域由河流带来大量冲积物堆积而成的平原。冲积平原能堆积很厚的冲积物，华北大平原自新生代以来的沉积物厚度达 5000 m 以上，最浅地区也有 1500 m 左右。冲积平原根据地貌部位和作用营力可分为山前平原、中部平原和滨海平原三部分。

山前平原位于山前地势突然变得平坦的地带，由于河流流出山口进入平原，河流落差迅速减小，河流流速放缓，泥沙大量堆积，形成洪（冲）积扇，各条河流的洪（冲）积扇不断扩大连接而成洪积—冲积平原。如果山地与平原之间有大面积丘陵，从山区流出的河流，流经丘陵区时河流受到束缚，无法形成大规模的散流，由于河谷较窄，流速较快，沉积物堆积较少，洪积—冲积平原发育不明显，如大别山的山前地区。

中部平原是冲积平原的主体，中部平原坡度较缓，河流流速较缓，堆积的泥沙堆积物较细。洪水时期，河水溢出河道，水流中被搬运的泥沙在两侧溢出处堆积，形成天然堤。天然堤随每次洪水上涨而不断增高。如果天然堤不被破坏，河床也将继续淤高，最后甚至高于河道之间的冲积平原，形成地上河。当天然堤溃决后，河流携带的大量泥沙，在决口处因坡度减缓、水流面积增大，流速急剧减弱，泥沙快速沉积而形成很大范围的扇状地形，称为决口扇。洪水退后，决口扇上的沙粒受风力作用，搬运和堆积形成沙丘和沙地。冲积平原上的河流经常改道，在平原上留下许多古河道的遗迹，并常保留一些沙堤、沙坝、迂回扇、牛轭湖、决口扇等地貌。

滨海平原一般是由河流和海洋共同作用形成的，其沉积物颗粒很细。因周期性涨潮，海水入侵陆地，形成海积层和冲积层的相互叠压现象。在滨海平原常有大面积湖沼和海岸沙堤或贝壳堤、潟湖、沙嘴等地貌。

贝壳堤形成于高潮线附近，是海岸变迁和海平面变化的记录，具有重大的科学价值。世界上著名的贝壳堤大贝壳堤总共只有三处，十分稀有，分别是中国天津贝壳堤、美国路易斯安那州贝壳堤、南美苏里南贝壳堤。其中天津贝壳堤的贝壳质含量非常高，无论是深埋地下的还是裸露在地表的，贝壳质含量几乎达到100%，同时天津贝壳堤不仅有古贝壳堤，还有新发育形成的新贝壳堤，有形成新一条贝壳堤的趋势。

冲积平原的沉积物和不同地貌部位的河流发育过程有关。山前平原主要是较粗颗粒的洪积物和河流冲积物。中部平原以河流堆积物为主，也有海相夹层，这是短期海侵作用形成的。滨海平原是由海相沉积和河流相沉积共同组成的，不同类型的沉积物呈水平相变。如果陆源物质增多或海面下降，陆地向海方向增长，河流相沉积在海相沉积之上；如果陆源物质减少或海面上升，海水伸入陆地，海相沉积又超覆在河流相沉积之上。

6.2.2.6 河口三角洲

河流入海或入湖的地段是河流和海洋或湖泊相互作用的区域，称为河口区，常会形成不同的地貌，且地貌变化也较大，有的出露于水面，如河口三角洲、沙滩等，有的在水下，如沙坎、水下沙坝等。如果河流带来的泥沙超过海洋或湖泊的搬运能力，则在向海或向湖处形泥沙堆积，形成尖顶向陆的三角形堆积体，称为三角洲。三角洲的形成条件主要有三个：河流含沙量高容易在河口地区发生堆积；入海口处地势低平，落差小，流速较缓，泥沙搬运能力弱，沉积作用强；海水的顶托作用强。

地球表面过程

根据三角洲的形态特征和形成过程，可分为以下几种类型：

① 扇形三角洲。形成于入海河流含沙量高、河道分汊并经常改道、口外海滨水深较浅的河口区，由泥沙均匀地向海堆积而成，如中国黄河、俄罗斯伏尔加河和埃及尼罗河三角洲就是在弱潮、多沙条件下形成的。

② 鸟爪形三角洲。形成于入海河流含沙量较高、河流作用占优势的河口区。由于汊流大小不一，各汊河泥沙堆积形成的沙嘴，其平面形态似鸟足而得名，以美国密西西比河三角洲最为典型。

③ 尖头三角洲。河流只有一条主河道，没有汊流或者虽有汊流但规模较小，因而在主河道河口两侧堆积成沙嘴，向海中突出形成尖头三角洲。

④ 岛屿形三角洲。河流含沙量和流量随季节变化而又有潮汐作用的河口区，泥沙堆积成许多向海伸延的沙岛、沙滩和沙坝，由沙洲和沙岛以及汊河构成的三角洲，称岛屿形三角洲。世界上最大的三角洲——恒河三角洲就是这种类型，养育了3亿多人口。

并不是所有河口都能形成三角洲，如果河流、海洋或湖泊的侵蚀作用大于河口区的堆积作用，就形成一个喇叭形的河口，称为三角湾或三角港，如中国杭州湾、南美洲拉普拉塔河三角湾。

当三角湾以外有沙坝分布时，沙坝起了分隔河流和海洋的作用，这里的潮汐作用减弱，河流泥沙一直搬运到河口以外。如果湾口沙坝封闭了河口湾，就往往形成潟湖，中国的品清湖、土库曼斯坦的卡拉博加兹戈尔潟湖和澳大利亚的希利尔湖是潟湖的典型代表。

第6章 沉积作用

6.3 地下水的沉积作用与岩溶地貌
Sedimentation of groundwater and karst topography

6.3.1 地下水沉积作用类型

（1）机械沉积作用

地下水的机械沉积作用主要是地下河流到达平缓、开阔的地带，地下水的流速降低，水动力减小，其携带的机械搬运物便沉积下来。沉积物有溶洞塌陷形成的砂砾，但更多的是黏土。与地表水流相比，地下水机械沉积物的磨圆度、分选性都相对较差。溶洞的垮塌堆积或溶洞角砾岩是由砾、沙、泥形成的混合堆积，无分选和磨圆。

（2）过饱和沉积

过饱和沉积是地下水化学沉积的一种最普遍的形式。地下水在运动过程中，由于温度、压力的变化，通常是地下水流出地表或从裂隙流入开阔的洞穴，因压力降低导致 CO_2 的逸出，地下水中的溶解物产生过饱和，使搬运物沉积下来。

（3）石化作用

石化作用是指地下水中溶解的矿物质与掩埋在沉积物中的生物体之间进

行的物质交换。在石化过程中,生物体内的易溶物质被地下水溶解带走,留下的空间则被地下水所携带的矿物质所充填。生物体的物质成分虽然发生了变化,但其生物结构却被保留了下来,这就是化石形成的基本原理。

6.3.2 岩溶地貌

地下水的过饱和沉积地貌是地下岩溶地貌的主要类型。在地下溶洞中,滴水是地下水渗流的最常见形式。从地下岩石中渗流出的地下水大多富含 $CaCO_3$,在地下水滴落的过程中,会有大量的水汽和 CO_2 逸出,使下列化学反应向左进行,导致 $CaCO_3$ 沉淀析出,形成过饱和沉积。

$$CaCO_3 + CO_2 + H_2O \rightleftharpoons Ca(HCO_3)_2$$

通过水汽和 CO_2 的逸出,形成了多种过饱和沉积物,主要地貌有泉华、溶洞滴石、矿脉和假化石。

(1)泉华

以 $CaCO_3$ 为主要成分的称为钙华;以 SiO_2 为主要成分的称为硅华。

 拓展阅读

泉 水

泉是地下水的天然露头。泉经常出露于揭穿含水层的河谷沼泽、湖滨海岸等地,泉水可以划分出两种基本类型:下降泉和上升泉。

下降泉是上层滞留水、潜水和层间非承压水等具有自由表面的地下水的露头。这类地下水不承受水头压力,通常在含水层的较低处的泄水区出露,

也可以在河谷、悬崖等具有落差的地段出露,地下水总是以向下流的形式排泄,故称为下降泉。

上升泉是承压水在承压区的天然露头。在出露点以喷泉的形式上溢泄水,故称为上升泉,喷泉的高度取决于承压水所承受的压力。

泉水出露地表时,由于温度压力等因素的变化,泉水中所含物质沉淀在露头附近形成独特的堆积物,称为泉华。最常见的泉华为钙华,钙华的形成过程与地下水的岩溶作用相似,当富含碳酸钙的地下水流出地表时,由于压力突然降低,二氧化碳从水中逸出,过饱和的碳酸钙便沉积在泉眼附近,形成钙华(图6-29)。如果地下水的温度较高,且流经的地区以硅质碎屑岩为主,则形成硅华。

图 6-29　九寨沟黄龙钙华彩池

(2)溶洞滴石

富含 $Ca(HCO_3)_2$ 的地下水沿着裂隙流入溶洞中,由于压力降低、蒸发加快,$CaCO_3$ 沉淀形成溶洞滴石。地下水在溶洞顶棚蒸发形成的沉淀物称为石钟乳,滴落到溶洞底部形成的沉淀物称为石笋(图6-44),其生长速度

地球表面过程

为 6～12 cm/千年。地下水的长期作用会使石钟乳向下延伸，石笋向上生长，最终连成石柱（图 6-30）。由于溶洞的内部形态非常复杂，地下水逸出时的条件也不尽相同，加上地下水所含的溶质也是千变万化的，因此溶洞中可以形成五彩缤纷、形态各异的碳酸盐过饱和沉积。

图 6-30　石钟乳、石笋、石柱

（3）矿脉和假化石

溶解了矿物质的地下水在流入岩石的裂隙后，由于压力的降低，矿物质会沉淀或结晶出来，形成矿脉。在一些较紧闭的裂隙中，有时会沉淀一些树枝状的铁、锰氧化物，称为假化石。

6.4 湖泊、沼泽的沉积作用
Sedimentation of lakes and swamps

湖泊（lake）和沼泽（swamp）是分布在陆地的积水洼地。湖泊和沼泽都属于湿地，关系也密切，从演化过程来看，湖泊可以演变成沼泽，沼泽也可以被湖泊淹没；从空间位置来看，沼泽常分布在湖泊的边缘。湖泊和沼泽的水体运动较为缓慢，剥蚀能力和搬运能力都较弱，地质作用主要以沉积作用为主，可形成各种重要的矿产资源，如煤炭、石油、油页岩、铁矿、蒸发盐类等。研究湖泊和沼泽的沉积作用，对保护并合理利用湿地资源、研究古气候环境变迁都有重要意义。

6.4.1 湖泊的类型

不与海洋直接沟通，被静止或弱流动水所充填的洼地称为湖泊，该洼地称为湖盆。湖泊主要发育在潮湿气候区的低地和盆地，占大陆面积2%以上。

湖泊的形态各异，有等轴状、卵形、狭长形、新月形，湖岸的轮廓线更是异常复杂，其形态与湖泊的成因有关。湖泊成因分类如表6-1所示。

表 6-1　湖泊成因分类

类别		类型
内动力作用湖泊	火山湖	火山口湖、破火山口湖、火山喷漆湖、熔岩堰塞湖
	地震湖	塌陷湖、崩塌堰塞湖
	构造湖	地堑湖、断裂湖、向斜湖
外动力作用湖泊	重力湖	重力滑塌湖、岩溶崩塌湖、潜蚀崩塌湖、崩塌堰塞湖
	河流侵蚀湖	河床湖、河漫滩湖、三角洲湖
	风成湖	风蚀湖
	冰川湖	冰川刨蚀湖、冰窝湖、冰融湖、冰碛物堰塞湖
	海成湖	近海湖、残留海湖
	生物成湖	环状珊瑚礁湖、生物成坝湖
	陨石成湖	撞击湖、爆炸湖
	人工湖	水库

6.4.2　湖泊的沉积作用

因湖泊水体运动微弱，湖泊的剥蚀作用一般见于大型湖泊中波浪对湖岸的冲击，搬运作用限于将沿岸剥蚀的物质搬至湖心，故湖泊主要的地质作用是沉积作用。根据成因，湖泊沉积物大致分为：碎屑沉积物、生物沉积物和化学沉积物。

6.4.2.1 湖水的机械沉积作用

湖水机械沉积物的主要来源是入湖河流所携带的碎屑物,其次为湖水侵蚀湖岸崩落的碎屑物、风运物和冰运物等。不论是河流、浊流、沿岸流还是湖泊本身的波浪等,从浅水区进入深水区时,由于受到静止湖水的阻滞,流速降低,导致搬运的碎屑物依照粒度从大到小、质量由重到轻的顺序沉积下来,沉积物机械分异非常明显。因此,机械沉积作用所形成的碎屑物具有较好的磨圆度和分选性,碎屑物的粒度在湖盆的平面分布上显示出同心圆状,尤其在不泄湖水中更是如此。

潮湿气候区湖泊沉积物来源丰富,以机械沉积和生物沉积为主。潮湿气候区多泄水湖,入湖的河流也较多,水量较大,河流所携带的碎屑物会在入湖口处沉积,常形成三角洲,沉积物呈舌状向湖心方向延伸,碎屑物的粒度从入口至出口端作半环带状分布。由于湖泊的深度一般较浅,若河流所携带的泥沙非常多,三角洲会不断扩张,向湖心及两侧蔓延,生长速度很快,湖泊的面积将会迅速缩小甚至消亡,此时就形成了湖积三角洲平原。如果扩张过程中与邻河三角洲相连,湖水不断向中心收缩,则逐渐形成沼泽。

干旱气候地区的湖泊,入湖河流数少,河流水量小、所携带的泥沙少且多以较细泥沙为主,因而河口三角洲的发育缓慢。

湖泊的演化趋势总是在不断变小、变浅,直至消亡,除非形成湖泊的因素始终在起作用,但这种情况在地质历史中是不常见的,即使存在对于地质历史也是短暂的。因此湖泊的生命在地质历史中是短暂的,它们的生命周期取决于气候条件、自然地理因素和构造作用的活动程度。

6.4.2.2 湖水的生物沉积作用

潮湿气候地区是湖水的生物沉积主要发生地，干旱气候地区的生物沉积则较少。

潮湿气候区的湖泊中生长着极为丰富的生物，尤其是植物。湖水的平静状态和湖岸有充足水源这两个条件为生物在湖泊中和湖岸的繁殖提供了良好的环境。植物在湖岸和湖水中的生长随水深的变化具有分带的现象，不同的水深生长着不一样的植物类型，并形成不同的生物沉积物。

湖水表面还生长着大量的浮游动物（主要为藻类和菌类）或其他小型动物，这些生物的尸体和湖泥一起沉入湖底，这样湖泥就含有有机质成分，与湖底其他沉积物和碎屑物构成了有机质泥层。由于湖底氧气不足，厌氧细菌繁生，有机质泥层会经过厌氧细菌作用使其沥青化，形成腐泥；新鲜腐泥的含水量为 70%~90%，干的腐泥则仅含水 18%~20%。腐泥被掩埋后经成岩作用形成胶状腐殖煤、沥青黏土或油页岩等，在特殊条件下，富含浮游动物或其他小型动物遗体的厚层腐殖泥在较高温度（100~200 ℃）和压力（300 hPa）的作用下，经细菌和物理化学过程，可以形成石油，即陆相成油。湖泊中的植物不断被堆积埋藏，在深处缺氧条件下经细菌分解可形成泥炭（详见 6.4.3 节）。

如果湖中矽藻生存较多，其死亡后可沉积为矽藻土，比如山东临朐的矽藻土的形成。如果在温度较冷的湖泊中繁殖着大量的硅藻，其死亡后可沉积为硅藻土，硅藻土是重要的工业原料，可以用做吸附剂、耐火材料、充填材料等。

6.4.2.3 湖水的化学沉积作用

湖水的化学沉积作用常受气候条件的影响较大，不同的气候条件控制下，湖泊形成的化学沉积物类型也大相径庭，所以根据湖水的化学沉积物类型可以反演出地质历史时期湖泊所处的气候环境。

（1）潮湿气候区的化学沉积

潮湿气候区由于雨量充足，化学风化和生物风化作用强烈，不仅地面上易溶的元素组分（K、Na）和较易溶解的元素组分（Ca、Mg）呈离子状态流失，一些较难溶的元素如Fe、Mn、Al、Si、P等也可以离子状态或胶体溶液的状态被搬运到湖中，并在一定条件下发生沉积。这些物质沉积后常形成湖相的矿床，最常见的是铁矿床（褐铁矿、菱铁矿、黄铁矿居多）。

易溶元素由于溶解度大，加上湖水补给量大，很难形成化学沉积物；而难溶元素（Fe、Mn、Al等）组成的化合物是潮湿气候区湖泊化学沉积非常重要的物质来源。

当携带着Fe、Mn、Al等低价盐类或胶体溶液的地表水和地下水流进湖中，在各种物理化学过程或者生物的参与中会转变成高价的难溶盐类沉积下来，如$Fe(OH)_3$胶体溶液可与湖水中的电解质发生中和，或与湖水混合后因酸度降低而沉积，产生氢氧化铁沉淀。

但在不同的环境条件下，沉积作用中铁的化学组成还会有所不同。

在温热潮湿气候下，带入湖中的$Fe(HCO_3)_2$溶液受到湖中生物化学作用，也可氧化产生氢氧化铁沉淀，并释放出二氧化碳。其反应式为

$$4Fe(HCO_3)_2 + O_2 + 2H_2O \longrightarrow 4Fe(OH)_3\downarrow + 8CO_2\uparrow$$

这样形成的氢氧化铁沉淀称为湖铁矿，多分布在湖岸浅水或河流入口处，

呈团块状、透镜状或不规则层状,夹杂于碎屑沉积物中。

在冷湿环境下,在细菌的协同作用下可形成菱铁矿。其反应式为

$$Fe(HCO_3)_2 \longrightarrow FeCO_3\downarrow + H_2O + CO_2\uparrow$$

在缺氧环境下,能使 $Fe(HCO_3)_2$ 或硫酸亚铁转变成二硫化铁,形成黄铁矿(FeS_2)(图6-31)。其反应式为

$$Fe(HCO_3)_2 + 2H_2S \longrightarrow FeS_2\downarrow + 2H_2O + SO_2$$

图6-31 黄铁矿

湖中的钙质可生成碳酸钙沉淀,并与湖底淤泥结合形成钙质泥,经成岩作用形成泥灰岩,有时钙质沉淀较少可形成钙质结核。

(2)干旱气候区的化学沉积

干旱气候区的湖泊,湖水的主要排泄方式是蒸发,向外流泄较少。由于径流带来的盐分长期滞留、积累在湖中,随着湖水的不断蒸发,盐分不断积累,湖水由淡转咸,最终干涸可演变成盐沼或泥沼。湖水在咸化的过程中,当湖水中的盐度超过了饱和度后,各种盐类便逐步沉积下来,且按盐类溶解度大小顺序依次饱和并沉淀,从而产生化学沉积物的分异作用。

干旱区湖泊的蒸发盐类沉积可分为以下阶段:

① 盐度达0.4%~12%,首先沉淀的是溶解度最小的碳酸盐类,其中 $CaCO_3$ 最先沉淀。这些碳酸盐沉积物有些可以形成具有经济价值的苏打($Na_2CO_3 \cdot 10H_2O$)、天然碱等,故又称为苏打湖或碱湖。

② 碳酸盐类沉淀之后,湖水继续蒸发进一步咸化,盐度达13%~25%。溶解度较高的硫酸盐类达到过饱和而沉淀,沉积物主要有石膏($CaSO_4 \cdot 2H_2O$)、

芒硝（$Na_2SO_4 \cdot 10H_2O$）等硫酸盐，这类湖称苦湖。

③ 硫酸盐析出沉淀并继续浓缩后，盐度达 26% 以上，湖水即变成卤水，如果湖水继续蒸发，将沉淀溶解度最大的氯化物。这时石盐（NaCl）开始析出，盐度达 33% 开始有钾盐（KCl）析出；盐度达 35% 以上时，开始有光卤石和镁盐沉淀出来，这类湖称盐湖。我国盐湖多分布于青海、西藏等地，如茶卡盐湖（图 6-32）、察尔汗盐湖等。

图 6-32　茶卡盐湖

盐湖的盐类沉积顺序在大的盐湖中可以反映在沉积剖面上，即由下往上依次为碳酸盐类、硫酸盐类和氯化物；在平面上则表现为从边缘向中心由碳酸盐类向氯化物的演变。但自然界中并不是所有的盐湖都有相似的特征，盐湖中的盐分还与物质来源、气候变化等地质因素有关。

6.4.3　沼泽及其形成

陆地表面潮湿积水、生长着湿生植物并有泥炭形成的地方称为沼泽，沼泽对地球环境的调节能起到很大的作用，被称为地球的"肺"。沼泽形成的

地球表面过程

首要因素是水分条件，只有过多的水分才能引起湿生植物侵入，进而影响土壤透气性，在生物作用下形成泥炭层。

拓展阅读

沼泽的类型

沼泽根据发育过程的形式可以分为两大类：低地沼泽和高地沼泽。

低地沼泽通常由湖泊沼泽化形成，形成水源主要是地下水和地表水，因水源含有大量矿物质，灰分含量高，营养较丰富，也被称为"富养沼泽"。低地沼泽分布于低洼处，植物组合较为丰富，苔藓、芦苇、灌木和部分乔木均可生长。

高地沼泽的水源主要是大气降水，水和泥炭呈强酸性，灰分含量低，营养贫瘠，也被称为"贫养沼泽"。高地沼泽分布在隆起不大的较高处（河流阶地、高地缓坡等），水只是浸湿土壤，植物组合较为单一，适于低级的植物生长，比如白色泥炭藓，这种苔藓在沼泽中部生长较快，故高地沼泽表面中部常向上突起。

高地沼泽也可由低地沼泽演变而成，如低地沼泽植物不断在沼底繁殖、堆积，使沼泽逐渐变高变凸，进而形成高地沼泽。

沼泽形成过程基本可分为两种情况，即水体沼泽化和陆地沼泽化。

（1）水体沼泽化

水生或漂浮植物沿湖岸向湖中央生长，使全湖布满植物，当植物死亡后，残体堆积于湖底（形成泥炭），湖泊渐渐变浅形成沼泽。若尔盖高原的江错湖滨沼泽、低洼平原的河流沿岸沼泽的形成过程均与此一致，都属于水体沼泽化（图6-33）。

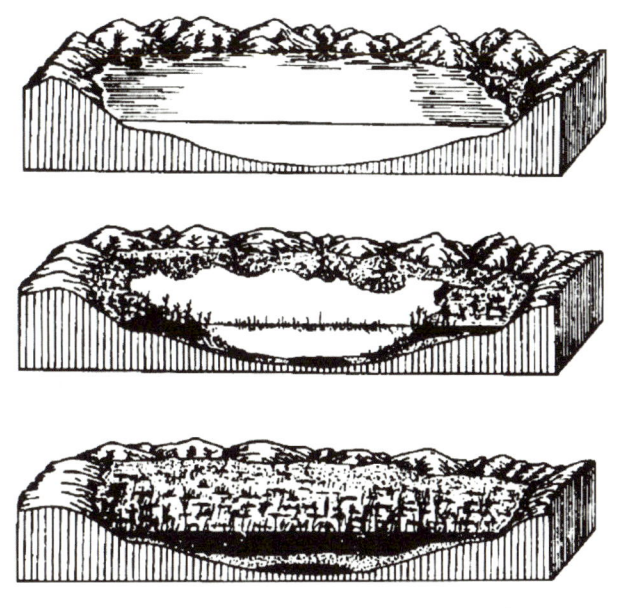

图 6-33　湖泊到沼泽的演变过程示意

（2）陆地沼泽化

陆地沼泽化表现形式主要是森林沼泽化和草甸沼泽化两种。

在森林砍伐迹地或火烧迹地，由于地面水分蒸发减少，部分地表径流也被拦截，使得土壤过湿，森林不断退化，湿生草类和藓类植物不断蔓延，森林最终演化为沼泽，即森林沼泽化。在中国高寒山区森林带，特别是分布纬度较高的针叶带和针阔混交林带，常有面积不等的沼泽，严重影响树木生长和更新。

地表长期过湿，尤其当河水泛滥或邻近水体沼泽化，草甸潜水位升高呈过度湿润状态，低洼处甚至形成厌氧环境，植物残体因缺氧分解不充分转化成泥炭，沼泽植被不断发育，这是草甸沼泽化。此外，在反复被海水淹没的平坦海岸带、高山高原多年冻土区的古夷平面、宽广河流阶地，只要地表能处于过湿状态，均可形成沼泽。

6.4.4 沼泽的沉积作用

沼泽水体浅且运动弱，处于相对静止状态，因此沼泽的地质作用实质上只有沉积作用，且为生物沉积。

沼泽一个重要特征是植被的滋生和繁茂，主要有沼内的低等植物（藻类、水草等）和沼滨的高等植物（芦苇、乔灌木等）。沼泽中的植被不断生长，也不断死亡，已死亡的植物在沼泽底部不断堆积，被水、泥、上层植物等掩埋，形成新的物质。

低等植物主要由蛋白质和脂肪组成，构造较为简单，其死亡后遗体沉入水流不畅、缺氧的水底，经厌氧细菌分解可形成含水很高的絮状胶体物质——腐殖质（humus），并与同时沉积的泥质混合，脱水后形成"腐泥"（sapropel）。腐泥是富含水和沥青质的淤泥状物质，当以腐泥质为主时可形成腐泥煤，当以矿物质为主时则形成油页岩（oil shale）。

高等植物遗体中的纤维素和木质素等物质，在厌氧细菌的作用下，经过氧化、分解、合成等复杂过程转化为腐殖酸（humic acid）及腐殖酸盐（humate）等，并释放二氧化碳等气体。这些物质与沼泽中泥沙和矿物质混合，随着水中氧气耗尽和有机质含碳量的增加，在沼泽底部形成一种呈半分解状态、质地疏松、富吸水性的植物残体——泥炭（peat）（图 6-34，图 6-35）。

图 6-34　泥炭沼泽　　　　　　　　图 6-35　泥炭

泥炭是湖沼发育和演化中形成的重要物质。泥炭的有机质含碳量较高，最高者可达 59%。泥炭的用途很多，可作燃料和化工原料，可从中提取石蜡、沥青、焦油等工业产品，同时泥炭含大量腐殖质和 N、P 元素，也是重要的肥料。

沼泽中也有少量的化学沉积，在低地沼泽中，有时可见石灰岩、菱铁矿的透镜体。

 拓展阅读

煤炭的形成

煤化阶段通常包含两个连续的过程——成岩作用阶段和变质作用阶段。

① 成岩作用阶段：由于受到上覆沉积物的压力和地热的作用，泥炭中的腐殖质会继续分解，气体成分进一步析出，水分被逐渐挤出，体积逐渐缩小变得致密，有机质中的碳含量也进一步增加，形成褐煤（lignite），褐煤

含碳量为 60%~70%。

② 变质作用阶段：在更高的温度和压力的作用下，褐煤继续经受着物理化学变化而被压实、失水，其内部组成、结构和性质都进一步发生变化。褐煤因其中 H、O、N 含量减少，C 含量增加，便慢慢转变为含碳量 70%~90% 的烟煤（bituminous coal）和含碳量 90%~95% 的无烟煤（anthracite）。

温度对于在成煤过程中的化学反应有决定性的作用。随着地温升高，煤的变质程度逐渐加深。高温作用的时间愈长，煤的变质程度愈高。在温度和时间的同时作用下，煤的变质过程基本上是化学变化过程。在其变化过程中所进行的化学反应是多种多样的，包括脱水、脱羧、脱甲烷、脱氧和缩聚等。

压力也是煤形成过程中的一个重要因素。随着煤化过程中气体的析出和压力的增高，反应速度会愈来愈慢，但却能促成煤化过程中煤质物理结构的变化，能够减少低变质程度煤的孔隙率、水分，增加密度。

煤炭的形成与植物的生长状况、气候以及构造运动等密切相关，但是成煤作用只能发生在特定的地质时期和地区。在地球漫长的演化历史中，有三个重要的成煤时期，分别是晚古生代的石炭纪—二叠纪，中生代的三叠纪—侏罗纪，新生代的古近纪—新近纪。

6.5 海洋的沉积作用及其产物
Sedimentation of the ocean and its products

海水的侵蚀和堆积过程是同时发生的，一旦海岸泥沙的沉积作用强度大于侵蚀作用时，海浪会使海洋沉积物沿大陆边缘分布，一系列新的堆积地形就会普遍存在。海洋是地球表面最主要的沉积场所，海洋沉积物主要来源于陆源物质，其次为海源物质，近海或海底火山喷发也提供了部分沉积物。根据沉积深度可将海洋沉积环境分为滨海沉积、浅海沉积和深海沉积三大类，每个沉积环境又发育出不同的沉积类型。

6.5.1 滨海沉积

滨海是指海岸带范围的海域，即从特大高潮线至深度为浅水波半波长的区域，是海洋与非海洋过程相互作用的地带。此区域因海蚀作用强烈，可形成或直接接纳陆地上搬来的大量碎屑物，故滨海沉积物以碎屑物为主。由于海岸类型的多样性和水动力条件的复杂性，近岸滨海不同环境的沉积机理和沉积产物也有所不同，滨海沉积可分为海滩沉积、潮坪沉积、沙坝-潟湖沉积、礁与礁坪沉积四大类。

6.5.1.1 海滩沉积

海滩是沿岸分布的疏松沉积物堆积体,是滨海环境最常见的沉积类型。海滩发育主要的水动力为波浪,波浪破碎产生的冲流及回流塑造了海滩剖面。海滩剖面可分为后滨潮上带(平均高潮线至特大高潮线)、前滨潮间带(平均高、低潮线之间)和临滨潮下带(平均低潮线至破浪带)(图6-36)。

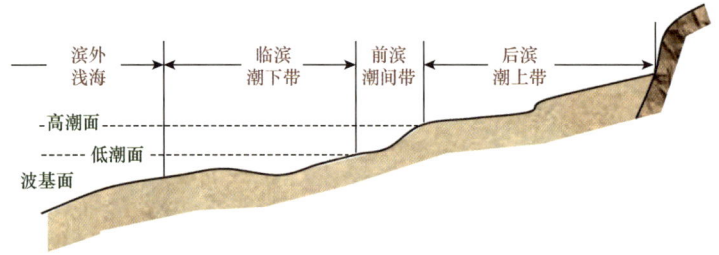

图 6-36　海岸带地貌划分

(1)海滩的类型

组成海滩的物质多来自临近陆地,主要有海水侵蚀海岸的产物、河流从其流域内携带来的风化侵蚀物,以及海水向岸搬运的沉积物等,由来源可以看出海滩沉积物的粒度变化较大,从粉砂到巨砾均有,但以砂、砾为主。海滩沉积结构的变化与波能强弱有关,粗颗粒多分布在破浪带,由此向岸、向海均变细。根据沉积物粒径大小可将海滩分为砾滩、沙滩、泥滩。

① 砾滩:

由不同粒级和不同形状的砾石所组成,分选性较差,砾石成分与近岸基岩相同。砾滩多分布在有砾石供应的陡峭海岸或河流河口处,一般较窄小且陡,滩顶较平缓,可高出平均高潮线以上数米,其内侧向陆倾斜(图6-37)。

② 沙滩:

分布范围最广,通常具有海湾和平直的海岸。沙粒分选性好,成分以石英、长石为主,含生物贝壳碎粒,具有明显的分带现象,粒径由大陆向海洋方向逐渐变细,可作为天然的海水浴场。受波浪、潮汐影响,沙滩的表面常留下不对称波痕和槽沟,且波痕的缓坡倾向海洋(图6-38)。

③ 泥滩:

多分布在河口三角洲附近、港湾、潟湖内,也可分布在面向开阔海,而坡度比较平缓的地区,也属于潮坪沉积(图6-39)。泥滩滩面宽阔而低平,滩宽可达数千米至数十千米,沉积物粒径自海向陆由粗变细。泥滩的形成、演变和塑造,主要营力是潮流作用,除此以外,波流和物理化学作用的影响也很显著。

图 6-37 砾滩

图 6-38 沙滩

图 6-39 泥滩

（2）海滩的类型

在不同的水动力条件下，海滩沉积会演化出多种特殊的地形，比如沙坝、离岸坝、沙嘴、陆连岛等（图6-40）。

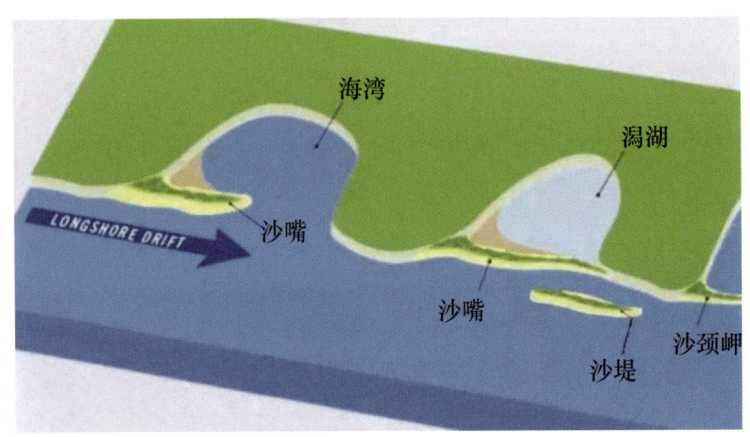

图6-40　海积地貌示意

① 沙坝：

沙坝（sand bar）是由波浪运动产生的进流和退流迁移沙粒形成的，平行海岸但离海岸有一定距离的长条状垄岗地形。风浪规模会影响沙坝的位置，风浪大的季节，沙坝向海洋方向移动，风浪小的季节，沙坝向陆地方向移动。高潮线附近的沙坝称为沿岸堤，低潮线附近的、未露出水面的称为水下沙坝。水下沙坝升高露出水面，称为离岸坝。

② 离岸坝：

波浪携带的泥沙在没有到达海岸前就堆积下来，在一定位置上形成的出露水面的堤状堆积体，称为离岸坝（offshore dam），又称为岸外沙坝或岛状坝。它的长度一般由几千米至几十千米不等，宽度几十米至几百米。

③ 沙嘴：

在海岸突出处发生泥沙沿海岸漂移方向堆积，形成一端与陆地相连，另一端向海伸出的脊状线性堆积体，称为沙嘴（sand spit）或沙咀。若堆积在湾口可形成拦湾坝。拦湾坝继续发育，若坝体将海水分割，则坝体内侧便形成半封闭或封闭式的潟湖。

④ 陆连岛：

陆连岛（land-tied island）又称为"连岛沙洲"，是由沙嘴、沙坝等和大陆相连的岛屿，多分布在岬角或近海岸有岛屿的地方。当海浪等向岸运动时由于受到岬角或岛屿的阻隔，携带的泥沙在这里堆积起来，开始时在岬角或岛屿的后方形成沙嘴，随着泥沙堆积的增多，沙嘴越伸越长，最后将岛屿和大陆连为一体，形成陆连岛（图6-41）。比如山东烟台的芝罘岛就属于陆连岛。

图 6-41　陆连岛

6.5.1.2 潮坪沉积

泥滩是潮坪中的主要成员，潮坪以坡度极度平缓、面积巨大与海滩相区别，多发育在障壁岛内侧、潟湖和海湾的沿岸、河口湾和潮控三角洲内。潮坪的宽度取决于潮差，潮差大于 4 m 的海岸的潮坪一般宽阔而广泛，潮差介于 2～4 m 的海岸的潮坪一般较为狭窄。潮坪的发育条件除平缓的地形、较大的潮差外，还需要有丰富的细粒沉积物质，并且波浪作用微弱。潮坪沉积形成以潮汐为主要水动力条件，因潮水在低潮位时通过波浪运动获得能量，当向陆推进时海底地形又消耗了潮汐的能力，故潮坪沉积物的粒径由大陆向海洋方向逐渐变粗（与砾滩、沙滩的粒序相反）。

根据潮汐涨落时出露水面的情况，可将潮坪分为潮上带、潮间带和潮下带（图 6-42）。由于潮流的冲蚀作用，潮坪上往往发育有潮道和潮沟（潮滩上由于潮流作用形成的冲沟），而由潮沟组成的"潮汐树"便是发育在潮滩上的一种奇特地貌。

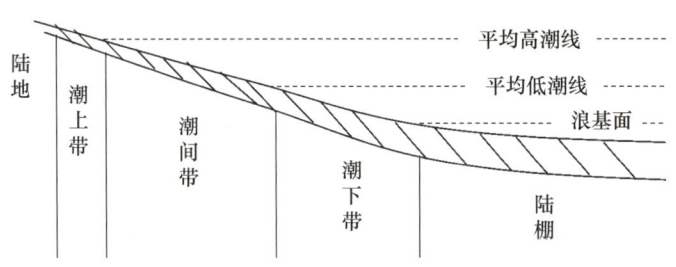

图 6-42 泥滩沉积物粒度的平面分布

（1）潮上带

位于平均高潮线以上的地带，只有在特大高潮或风暴潮时才被海水淹没，基本上为暴露环境，受气候影响明显。若发育沼泽可有泥质沉积，干旱气候带的潮坪可形成盐沼盐坪,从而发育石膏等蒸发盐类沉积。

(2)潮间带

位于平均高潮线与平均低潮线之间,也被称为潮间坪,其垂直幅度取决于潮差大小。潮间带是潮坪的主要部分,由海洋到陆地沉积物由纯净的沙过渡为泥质沉积。若在潮间带的高潮线附近是低能环境,则以泥质沉积为主,形成"泥坪";若在低潮线附近能量较高,则以沙质沉积为主,形成"沙坪"。

(3)潮下带

位于平均低潮线以下,该带始终位于水下环境,受波浪和潮汐的共同作用,但潮汐作用较强,是潮汐控制的滨海带中水动力较强的高能地带。易形成水下沙坝、沙滩,并富含生物介壳和泥砾。

6.5.1.3 沙坝–潟湖沉积

潟湖(lagoon)是海湾口外由沙坝或沙嘴伸长围成的,保持与海洋有限沟通的半封闭水域(图6-43),湖水一般较浅(小于10 m),常有一条或多条潮汐通道与外海相通。沙坝、潟湖相互依存,构成沙坝–潟湖体系。海湾潟湖是初期发育阶段,此时滨外沙坝为出露水面,海湾潟湖与海洋联系密切。当沙坝逐渐变大变高,潮流通道水体交换不畅,海湾潟湖进而成为半封闭潟湖,涨潮时,海水越过沙坝流入潟湖,退潮时则相互隔绝。当潟湖基本断绝与海洋联系,完全被沙坝阻隔,就成为了封闭潟湖。封闭潟湖会进一步演化为滨海沼泽,植被丛生,并被后期的河流沉积物所覆盖,成为埋藏潟湖。

潟湖与临近的海水含盐度有明显不同,是位于海岸带与浅海带之间的特殊沉积环境。潟湖沉积的组成有碎屑物质和化学沉积物，以碎屑为主，热带海岸潟湖可能全由碳酸盐质的生物碎屑组成，高盐潟湖中可形成石膏、岩盐等化学沉淀物。

图 6-43　潟湖

在温湿气候区的潟湖，由于降水量大于蒸发量，或有陆地的淡水流入，可使湖水逐渐淡化，形成上淡下咸的双水层结构。湖中可生长大量植物，加上流水带来泥沙，这里以机械沉积的生物沉积物为主，利于石油、油页岩等矿产的形成。

在干旱气候区的潟湖，由于蒸发量大于降水量，使湖水不断蒸发，同时海水不断补充盐分，潟湖的含盐度会不断升高。潟湖中易溶的硫酸盐和氯化物会因达到饱和而沉淀，故咸水潟湖以化学沉积为主，出现石盐、芒硝、石膏等盐类沉积。

6.5.1.4　礁与礁坪沉积

礁是发育在水面附近的隆起状堆积体，通常由海底原地增殖、群体生活的生物的骨骼、外壳及沉积物堆积形成。珊瑚-藻礁是分布最广的一类。

根据礁体与岸线的关系，生物礁可分为岸礁、堡礁和环礁。

（1）岸礁

岸礁（fringe reef）发育在大陆或岛屿岸边，也称为边缘礁或裙礁。珊瑚等生物在基岩海岸附着生长时，其死亡后的骨骼即成为礁的主体，通过胶结作用即成为稳定的岸礁。如珊瑚礁与海岸之间有狭窄水道则称为离岸礁。我国台湾岛、澎湖列岛、海南岛及广东、广西等省（自治区）沿岸均有分布。

（2）堡礁

堡礁（barrier reef）礁体呈长条状平行海岸分布，与海岸相距几千米至几十千米，与陆地以潟湖或带状海湾相隔。堡礁宽度仅几百米，但长度可达几百至上千千米。世界上最大、最长的珊瑚礁群是澳大利亚东北沿海的大堡礁，长达2011千米。

（3）环礁

环礁（ring reef）礁体呈环带状或马蹄状邻近海面生长，其内常发育有潟湖（湖底沉积钙质沉积物），并与外海多有水道相通，是大洋航行中优良的避风港。由于环礁多是从水深4000 m的四周海底升高到现今海面附近，所以其周围海面之下的坡度都很陡，最大坡度接近90°。在赤道南北纬20°的范围内存在着众多的环礁，尤以赤道西太平洋最多。马尔代夫群岛、我国黄岩岛和东沙岛都是典型的环礁。

由于环礁之下多是玄武岩海山，因此达尔文（1842）认为，岸礁、堡礁和环礁是火山岛沉降过程中发育的珊瑚礁系列。第一阶段，围绕火山岛发育岸礁，随着火山岛的下沉，适应于水面附近繁殖生长的珊瑚迅速向上生长，由于礁体的向海侧比向陆侧增长得快，使珊瑚礁逐渐与海岸分离，岸礁演变为堡礁；最后火山岛继续下沉并最终被海水淹没，礁体中部形成半封闭状态的潟湖，珊瑚仍不断增长，形成环礁（图6-44）。

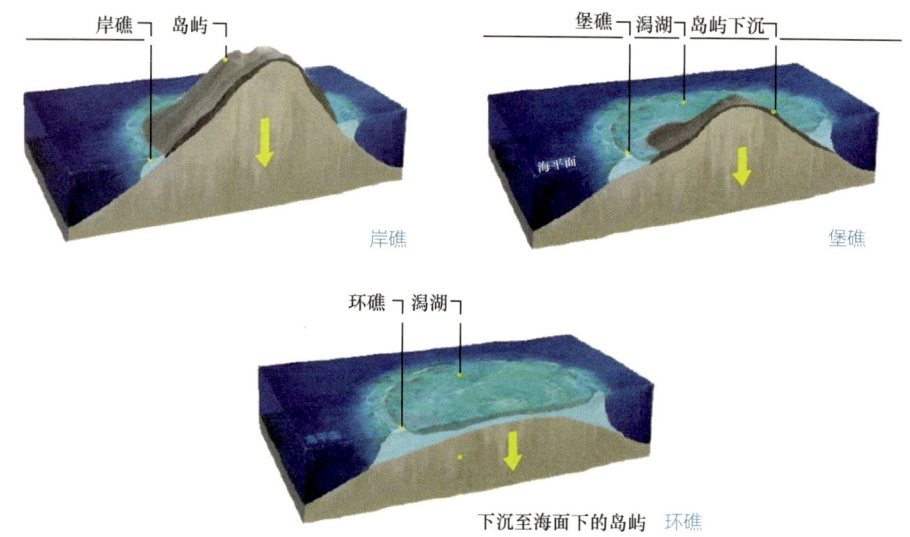

图6-44 岸礁、堡礁、环礁的演化过程

6.5.2 陆架浅海沉积

浅海带主要涉及大陆架浅海地区（水深0～200 m），是海洋中最主要的沉积区，机械沉积、化学沉积、生物沉积均较发育。

第6章 沉积作用

拓展阅读

浅海带地形较平坦，海水运动较为缓和；距离陆地较近，底流可将来自陆地和海岸侵蚀的碎屑物质搬运至浅海；海水较浅，阳光充足，水温较高，富含丰富的氧气和营养物质，适合大量生物的生长，因此浅海带是海洋中最主要的沉积区。

（1）机械沉积

随着水深的增加，携带碎屑物的海水动能不断减弱，其搬运的物质不断沉积且具有良好的分选性，由近岸向海洋方向，沉积颗粒由粗变细，主要为砂、粉砂和黏土，多具有水平层理和波痕，远岸带波痕常对称。

（2）化学沉积

化学沉积主要发育于低纬度、陆源物质较少的海域，化学沉积物主要有碳酸钙和硅、铝、铁、硫的氧化物。海水中化合物的沉积顺序与其溶解度有关，最先沉积的是最难溶的铝、铁、锰的氧化物，其次是硅酸盐、碳酸盐，最后沉积的是易溶的硫酸盐和氢氧化物。

海水中的碳酸盐沉积一部分为生物的骨骼或外壳（参见"生物沉积"部分），另一部分为因海水温度升高或压力降低，使海水中碳酸氢钙过饱和形成碳酸钙沉淀。

硅、铝、铁、锰等的氧化物和氢氧化物，常呈带电荷的胶体状态被搬运到海中，因受海中的离子作用而沉积，常因海水动荡而形成鲕状（图6-45）、豆状或肾状。比如带正电荷的Al_2O_3胶体和带负电荷的SiO_2胶体相遇，可中和凝聚沉淀形成高岭石（图6-46）等黏土矿物，美国佐治亚州与巴西的高岭土矿床即属于此类成因。

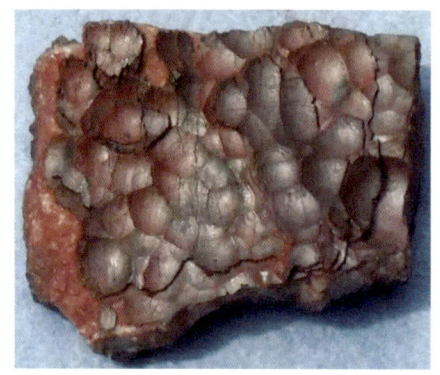
图 6-45　鲕状赤铁矿

图 6-46　高岭石

（3）生物沉积

浅海环境（尤其水深小于 100 m 的上部）生物种类繁多，生物沉积发育。生物生长过程中产生的排泄物、分泌物、死亡后的遗体等都能形成沉积物。常见的生物沉积有：

① 碳酸盐类。生物死后遗体的堆积常产生碳酸钙，比如钙质贝壳与灰泥混杂形成介壳灰岩（图 6-47）；珊瑚虫的骨骼、外壳与灰岩混杂形成的珊瑚礁灰岩（图 6-48）。

图 6-47　介壳灰岩

图 6-48　珊瑚礁灰岩

② 生物软泥。生物死后经分解，其硅质、磷质、钙质外壳或骨骼和泥混杂沉积，可形成各种生物软泥，如硅藻土（图6-49）、磷质和钙质软泥等。

③ 腐泥。生物遗体尤其软体部分，经分解后剩下的蛋白质或碳水化合物散于水泥中，形成的胶质为腐泥，腐泥成岩可为油页岩。在适当地质条件下，生物遗体有机质可分解为石油和天然气。

图6-49 硅藻土

机械沉积、化学沉积和生物沉积相互伴随，在同一地点可同时进行，只是在不同环境下以某一种为主，整体来看，浅海沉积分布于海滨附近，还是以粗粒陆源沉积为主。

6.5.3 深海沉积

按照地理学定义，水深超过200 m的海域为深海，包括大陆坡、大陆坡脚、洋盆等。深海的水动力微弱，机械沉积微弱，化学沉积也很缓慢，而生物沉积则占有重要地位。整个海区的沉积速度极为缓慢，平均为0.1～10 cm/ka。

根据沉积物的物源和成分，深海沉积物主要分为深海生物源沉积、深海黏土沉积、陆源碎屑沉积和深海火山碎屑源沉积。

6.5.3.1 深海生物源沉积

深海沉积物中生物骨屑含量超过30%时称为深海生物源沉积，包括钙质软泥沉积、硅质软泥沉积、珊瑚碎屑沉积和有机沉积四类。其中钙质软泥和硅质软泥是深海生物源沉积的主体，其分布面积占世界大洋总面积的61.9%。钙质软泥和硅质软泥在三大洋分布的面积频率有很大差异，大西洋钙质软泥的面积频率最高，印度洋次之，太平洋最低；硅质软泥在印度洋的面积频率最高，太平洋次之，大西洋最低。

（1）钙质软泥

钙质软泥（calcareous ooze）为钙质生物组分大于30%的碳酸钙软泥，是深海沉积中分布最为广泛的类型，多分布在大洋中脊附近的较浅深海区。根据所含钙质生物可分为有孔虫软泥、白垩软泥（颗石软泥）和翼足类软泥，其中有孔虫软泥分布最广，约覆盖世界洋底总面积的47.7%。深海钙质软泥的形成主要受生物介壳产量、骨屑的溶解效应、其他沉积物的稀释作用及全球气候和环流变化的影响。

（2）硅质软泥

硅质软泥（siliceous ooze）为含硅质生物遗骸大于30%、生物骨屑50%以上的的深海沉积物，分布于生物生产力非常高的区域。现代大洋中的硅质软泥主要分布在三个地带，即太平洋赤道带、环北极的不连续带和环南极的连续带。按固结物质的不同主要分为放射虫软泥和硅藻软泥。因放射虫喜欢高温环境，所以放射虫软泥主要分布在赤道附近的太平洋、印度洋深海中，放射虫软泥多呈暗灰色。而硅藻一般生活在低温的环境中，因此硅藻软泥主要分布在高纬度的北太平洋和南大洋地区，硅藻软泥通常呈棕黄色或淡灰绿色，干燥时呈乳白色。硅质软泥形成的主要影响因素是硅质骨屑的供给量和溶解作用。

6.5.3.2 深海黏土沉积

深海黏土主要成分为黏土，因呈红色或褐色，也被称为红黏土或褐黏土，其在深海的分布面积仅次于钙质软泥沉积，主要分布在北太平洋地区，其次分布在大西洋西部和印度洋东部。深海黏土的沉积环境一般都分布在远离陆缘的深水地区，在全球最深的洋底区（太平洋地区），沉积物主要以黏土为主。

6.5.3.3 陆源碎屑沉积

据估算，海洋每年接受相邻陆地输入的剥蚀产物超过 200 亿吨（含悬浮物和溶解物质），陆源碎屑物质主要来自大陆，包括浊积物和冰川沉积物。浊积物依靠浊流或等深流的搬运，多沉积在大陆坡和大陆坡脚处。浊流的主要通道是大陆坡的海底峡谷，浊流沿海底峡谷冲入深海盆地，在峡谷口处速度减慢，携带的陆源碎屑物沉积下来，形成深海扇，海底地形也变得平坦。冰川沉积物主要是进入海洋的大陆冰川，因融化使其所携带的碎屑物沉入海底而形成的冰海沉积物。

6.5.3.4 深海火山碎屑源沉积

主要是海底火山活动的喷出物沉积在深海盆地形成的，在火山碎屑沉积中火山灰是最常见、分布最广的组成成分，较大的火山碎屑物大部分降落在火山附近，而火山灰可随大气环流飘到更远处。

第二次世界大战后，人们发现某些深海区广泛含有锰结核，锰结核伴生于深海软泥的表层，有的也产于浅处，特别是太平洋底最多。

地球表面过程

海洋沉积的研究主要是借助海洋沉积动力学方法。由于现代海洋勘探技术的限制，深海沉积物的观测研究尚处于探索阶段，但海洋因其潜在资源的巨大诱惑，也吸引着各国的广泛关注。

奇特的"潮汐树"

"潮汐树"虽名为树，但并非是某一种植物，而是因潮汐作用形成的一种奇特自然景观，一种沉积地貌。潮汐树由发育在潮滩上的潮沟组成，从天空俯瞰，一条条潮沟犹如生长在海滩上的参天大树，其主干朝向大海，枝杈朝向陆地，故被称为"潮汐树"。

"潮汐树"的发育需要满足两个条件：一是"潮汐树"所在的潮滩，地形较为平坦且质地松软容易被侵蚀，潮滩泥沙含量相对较高；二是要有稳定的动力作用，即潮汐作用。"潮汐树"一般伴随潮水的涨落而"生长"，涨潮时，海水向海岸方向涌动，流速较慢，主要以淤积为主；落潮时，潮水回落海面且落差大，流速加快，以冲蚀为主，此时潮水在潮滩上冲刷形成了冲沟，形成了最初的潮沟。随着每天的潮涨潮落，落潮潮水不断加深沟槽，且同时伴随溯源侵蚀，使潮沟的汇流面积不断增加，在侧蚀和溯源侵蚀共同作用下，潮沟的主干和树枝状分汊逐渐加宽加深，发展壮大形成"潮汐树"。

6.6 冰川堆积作用及其产物
Glacier accumulation and its products

6.6.1 冰川的堆积作用

冰川消融后,被冰川搬运的物质便堆积下来形成冰川堆积物。冰川堆积物又称为冰碛物,分选性差,大小混杂,砾石磨圆度低,大漂砾的直径可达数十米,粒级很小的黏土粒径不及 0.005 mm。碎屑物无定向排列,扁平或长条状石块可以呈直立状态,有的角砾表面具有磨光面或擦痕。山岳冰川因搬运距离近,冻融风化和拔蚀作用明显,冰碛物一般颗粒较大,以岩块或岩屑为主。

总体来看,冰碛物是由不同粒径砾石、砂和黏土组成的混合体,由于冰川体内常有冰水作用,冰碛砾石在冰碛物中有一定的排列方向,冰川底碛砾石的长轴多与冰流方向一致。终碛部位的砾石,由于受冰川的推动,砾石长轴常与冰流方向垂直。

6.6.2 冰川堆积地貌

由冰川侵蚀搬运的砂砾堆积形成的地貌，称冰川堆积地貌，又称为冰碛地貌。

6.6.2.1 冰碛丘陵

冰川消融后，原来的表碛、内碛和中碛沉落到冰川谷底，和底部岩石一起形成波状起伏的丘陵，称为冰碛丘陵。

大陆冰川区的冰碛丘陵规模较大，高度可达数十米至数百米。冰碛丘陵之间的洼地一般由漂砾和黏土组成，透水性差，常能积水成池。

6.6.2.2 侧碛堤、中碛堤、终碛堤

侧碛堤是由侧碛在冰川退缩以后堆积而成的。它在冰川谷的两侧堆积成堤状，下游常和冰舌前端的终碛堤相连，上游可一直延伸到雪线附近。

两条冰川汇合后，其侧碛合并形成中碛，冰川融化后，在冰川谷中部沿谷地延伸方向堆积成垄状砂砾堤，称为中碛堤。

当冰川的补给和消融处于相对平衡状态时，冰川的末端会长时间在某一位置停滞，冰舌处的大量底碛和内碛受挤压作用沿冰川形成破裂面到达表面，形成表碛，同时随着冰川消融，一部分内碛出露也会形成表碛。这些表碛在冰川末端堆积成弧形的堤，称为终碛堤（尾碛堤）。

大陆冰川的终碛堤，高度为 30 ~ 50 m，长度可达几百千米，弧形曲率较小。山岳冰川的终碛堤可高达数百米，长度较小，弧形曲率较大。终碛堤

随着冰川运动及消融在不断形成,一般来说,最外面的一条终碛堤表示冰川前进所到达的最远位置,其余的多为冰退终碛堤,是冰川后退时的长时间停留位置。有时冰川在后退时有短时期的前进,也可在冰退终碛堤之间形成规模较小的推挤终碛堤。

6.6.2.3 鼓丘

鼓丘是由一个基岩核心和冰砾泥覆盖的一种小丘,是冰川接近末端,对冰床中凸起基岩进行侵蚀,底碛翻越凸起的基岩时,搬运能力减弱,发生堆积而形成的。它与羊背石不同,羊背石迎冰面为缓坡,背冰面为陡坡,而鼓丘恰恰相反,鼓丘迎冰面陡,是基岩,背冰面坡缓,为冰碛物(图 6-50)。

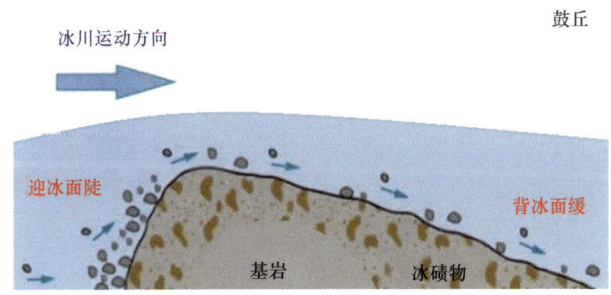

图 6-50　鼓丘示意

6.6.3　冰水堆积地貌

冰川融水具有一定的侵蚀搬运能力,能将冰碛物再搬运堆积,形成冰水堆积物。在冰川边缘由冰水堆积物组成的各种地貌,称为冰水堆积地貌。根据冰水堆积地貌的分布位置、形态特征和物质结构可分为以下几种类型。

（1）冰水扇和外冲平原

冰川的冰融水，常形成冰川河道，携带大量砂砾从冰川末端排出，在终碛堤的外围堆积成扇形地，称为冰水扇，几个冰水扇相连就形成冰水冲积平原，又称为外冲平原。

（2）冰水湖

冰川融水流到冰川外围洼地中形成冰水湖。冰水湖的水体和沉积物有明显的季节变化，夏季冰川融水增多，搬运能力较强，携带大量砂砾进入湖泊，一些砂和粉砂大小的颗粒很快沉积下来，颜色较浅；秋冬季节，冰川融水消失，一些在夏季悬浮的细粒黏土物质逐渐沉积，颜色较深。这样，一年中不同季节在湖泊内沉积了颜色深浅不同和粗细相间的两层沉积物，称为季候泥，或称为纹泥。根据季候泥的粗细层次多少，可以确定冰湖沉积的年龄。

（3）冰砾阜阶地

在冰川两侧，由于岩壁和侧碛比热容较小，吸热较多，附近冰体融化较快，又由于冰川两侧冰面较中部要低，所以冰融水就汇集在这里，形成冰川两侧的冰面河，并带来大量冰水物质。当冰川全部融化后，这些冰水物质就堆积在冰川谷的两侧，形成冰砾阜阶地，只发育在山岳冰川谷中。

（4）冰砾阜

冰砾阜是由一些有层理的并经分选的细粉砂组成的一些圆形的或不规则的小丘。冰砾阜是冰面上小湖或小河的沉积物，在冰川消融后沉落到底床堆积而成的。在山谷冰川和大陆冰川中都发育有冰砾阜。

（5）锅穴

锅穴是埋在砂砾中的冰块融化引起塌陷而成的。

(6)蛇形丘

蛇形丘的成因一般有两种：一种是在冰川消融时，冰融水沿冰川裂隙渗入冰川下，在冰川底部流动，形成冰下隧道，待冰完全融解后，隧道中的砂砾就沉积而形成蛇形丘；另一种是在夏季，冰融水增多，冰碛物在冰川末端形成冰水三角洲，等到下一个夏季，冰川再次后退，再形成一个冰水三角洲，如此反复不断，一个个冰水三角洲连起来，便形成串珠状的蛇形丘了。蛇形丘的延伸方向大致与冰川的流向一致。

6.6.4 地质历史上的冰川作用

6.6.4.1 第四纪冰川

第四纪冰川（也称为更新世冰川作用），是从 2.58Ma 开始的一系列持续交替进行的冰川期和间冰期。气候寒冷时，陆地上的一部分水冻结，发育大规模冰川，称为冰期；气候变暖，冰川消退，称为间冰期。有些地区受区域性气候的差异影响，可划分为更多的小冰期和间冰期，但各个地区长时期的寒冷期与温暖期的变化大致是相同的。它以大陆冰盖和中、高纬度山岳冰川为主要特征。面积巨大的冰盖使地球反照率提高，进一步冷却气候。包括赤道附近地区的山岳冰川和山麓冰川，都曾经向下延伸到较低的位置。

第四纪末次冰期是距离人类最近的一次冰期（里斯冰期），在距今 1.8 万年前后，末次盛冰期达到高峰，是末次冰期中最寒冷干燥的时期。在冰期，地球表面很大部分的水，在陆地上形成巨量冰盖，海平面大幅度降低。整个地球有 24%～32% 的面积为冰所覆盖（现今约为 1/10），冰川面积达

$(4.7 \sim 5.2) \times 10^8$ km²。还有 20% 的面积为永久冻土层，许多地区冰层厚达千米。在末次冰期仅数万年的时间里，由于陆地降水在两极成冰，全球海面下降了 130 多米。

6.6.4.2　古生代和前寒武纪冰期

前寒武纪时期指寒武纪之前的历史时期，包括冥古宙、太古宙与元古宙。前寒武纪目前公认的大冰期主要有两段。第一段称为休伦冰期，出现于距今 24 亿～21 亿年的古元古代。这段冰期的出现与地球历史上的大氧化事件的时间相近，许多人认为这次冰期的出现与地球表面的氧化相关。第二段冰期位于新元古代，过去在中国也称为震旦纪大冰期。新元古代晚期具有 4 次重要的冰期，时间为距今 7.6 亿～5.8 亿年；其中两次为全球性的，两次可能为局部冰期。其中，Marinoan 冰期的全球性程度最高，整个地球可能被完全冰封，故又被称为"雪球地球"。这个时代的含有冰川擦痕漂砾的冰碛岩在爱尔兰、苏格兰、挪威、乌拉尔北部、加拿大和美国都有发现，在白俄罗斯的钻孔中也有发现。

早古生代大冰期是发生在奥陶纪晚期至志留纪早期的大冰期。其发生在 4.6 亿～4.4 亿年前；有人认为可能延续到泥盆纪晚期（3.6 亿年前）。其冰碛岩见于法国、西班牙、加拿大、南美、北非及俄罗斯新地岛。北非的冰碛岩露头极佳，并且保存有若干冰川地貌的遗迹。

在古生代晚期，地球又进入一次大冰期，即石炭—二叠纪大冰期，这次以南半球发育大量冰川为特征。石炭—二叠纪大冰期出现在距今 3.5 亿~2.7 亿年以前，发生在石炭纪中期至二叠纪初期，因石炭纪和二叠纪属于晚古生代，又称为晚古生代大冰期,也是显生宙中最大的一次冰期。非洲和澳大利亚是冈瓦纳古陆上冰川作用最强盛的地区,地面广为冰川覆盖。大冰盖可能从中非呈放射状流向一些盆地,并向外延伸至当时与非洲相连的马达加斯加和南美洲,许多地方发现的冰碛岩厚达 1000 m。澳大利亚在二叠纪初期可能有一半的面积被冰盖占据。除印度以外的现今北半球各大洲,晚古生代时期没有发生冰川作用,其原因可能是所处古纬度较低及古北极地区为开阔的海域。

在地球发展史上有冰期的时间只占整个地球历史时期的 1/10 左右,绝大部分时间是处于两极无冰的温暖期。

6.7 沉积环境与成岩作用
Sedimentary environment and diagenesis

6.7.1 沉积相及其沉积环境

6.7.1.1 沉积环境与沉积相概念

沉积环境是沉积物沉积时的自然地理环境,是发生沉积作用的、具有独特物理、化学、生物特征的并与相邻地区有区别的地貌单元,如河流、湖泊、滨海等。一般可分为大陆环境、海陆过渡环境和海洋环境(图 6-51)。

地球表面过程

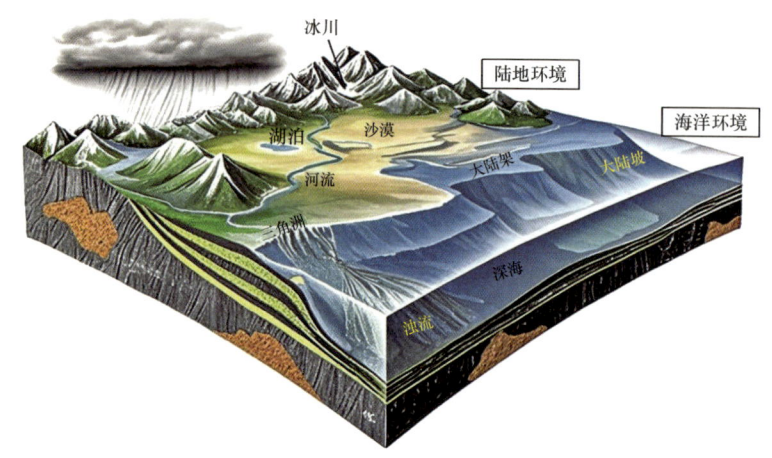

图 6-51 沉积岩的主要沉积环境

沉积环境包括以下要素：① 自然地理条件，包括江河湖海、高山平原等；② 气候条件，包括干、湿、冷、热等；③ 构造条件，包括地壳抬升、地壳下沉等；④ 物理条件，包括流水、波浪、风等的流动速度、方向，气温、降水量等；⑤ 化学条件，包括 pH、Eh 值、溶解度、盐度等；⑥ 生物条件，包括动物和植物等。

沉积相是指沉积环境以及在该环境中所形成的沉积岩特征的综合，是沉积环境的物质表现。完整的、准确的沉积相概念，包括两层含义：一是反映沉积岩的特征，二是揭示沉积环境。沉积岩的特征包括岩石颜色、物质成分、结构、构造、古生物特征以及地球化学特征等，一定的沉积环境均具有与其相对应的沉积相，因此我们可以通过相分析去恢复原始沉积时的沉积环境。

我们通常可以通过相标志，即沉积岩中具有成因意义的特征来恢复沉积环境，然后根据多种沉积环境条件综合确定沉积环境类型。相标志主要包括：① 岩性标志，包括沉积岩的颜色、成分、结构、构造等；② 古生物标志，包括古生物的种类、数量以及活动的遗迹等；③ 地球化学特征。有些标志对环境具有明显的指示意义，如黑色、灰色岩石多指示还原环境，而红色、褐红色、黄色代表强氧化环境；海生动物化石以及绿帘石等特征矿物可以指示海相环境；不稳定矿物含量高，代表近源快速堆积环境。

6.7.1.2 沉积相的分类

因为沉积相是沉积环境的物质表现，我们可依据沉积环境对沉积相进行分类，即把沉积相分为陆相组、海相组和海陆过渡相组。每个相组又可根据次级环境及沉积物特征确定二级相类型，如河流相、三角洲相等。本书采用的沉积相分类如表 6-2 所示。

表 6-2 沉积相分类

陆相组	海相组	海陆过渡相组
① 残积相	① 滨岸相	① 三角洲相
② 坡积－坠积相	② 浅海相	② 河口湾相
③ 风成（沙漠）相	③ 半深海相	③ 障壁岛相
④ 冰川相	④ 深海相	④ 潟湖相
⑤ 冲积扇相		⑤ 潮坪相
⑥ 河流相		
⑦ 湖泊相		
⑧ 沼泽相		

6.7.1.3 大陆沉积环境及沉积相

陆相沉积是陆地环境上形成的沉积体，沉积过程主要发生在大陆上相对较低的地方，如山麓、湖泊。主要的陆地沉积环境有冲积环境、湖泊环境、沙漠环境、冰川环境等。气候对大陆沉积影响较大，如干燥区易形成大量盐岩和风成沉积，潮湿区易有沼泽沉积发育，寒冷区则有冰川沉积分布。

大陆沉积以碎屑岩和黏土岩为主，化学生物成因沉积岩如碳酸盐少见。其中所含生物化石主要是淡水动物和植物。

（1）冲积扇相

洪水携带大量碎屑物质流出山口，顺坡在山麓地带向下堆积，便形成了冲积扇。冲积扇平面上呈扇形，立体上大致呈半埋藏的锥形，锥体顶端指向山口，底端指向平原。纵剖面上呈下凹状、横剖面呈上凸状（图6-52）。在陆相沉积中，冲积扇是除冰川沉积之外，粒度最粗、分选最差、沉积速率高、最近物源区的沉积体系。

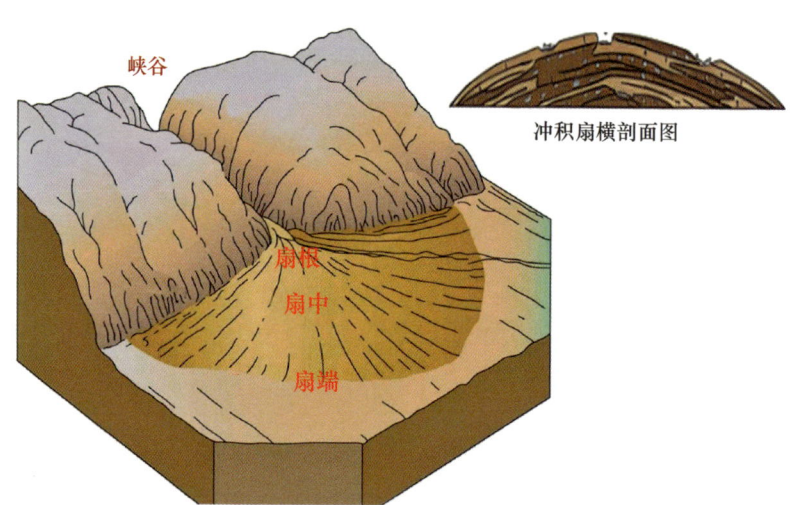

图6-52 一个理想的冲积扇剖面及其沉积物分布示意

冲积扇的沉积作用包括暂时性水流的沉积作用和泥石流沉积作用。泥石流沉积多发育在扇体的上部，含有大量泥质和粉砂质杂基，成层性差，很少显示沉积构造。暂时性水流的沉积作用发育在河流体系中，一般成层性好，含有指示不同流态的沉积构造，如河床充填沉积可见交错层理，漫流沉积常呈块状构造。

冲积扇可分为扇根、扇中和扇端三个亚相。扇根（扇顶）位于冲积扇顶部地带，为砾石堆积体，堆积厚度大、分选较差，沉积坡度角最大，上部有因河流摆动形成的沟槽发育；扇中位于冲积扇中部，主要由砾石、砂和粉砂组成，组成颗粒物较扇顶细，砂层中常见交错层理；扇端又称为扇缘，位于冲积扇边缘，地形较平缓，组成物质较细，常具有水平层理和波状层理。从扇根到扇端，沉积物粒度变细、分选性变好、厚度变薄，且沉积序列也多有不同。

冲积扇体也可成为含油储层，我国已发现多个冲积扇环境的次生油气藏，如我国新疆克拉玛依油田。

（2）河流相

河流是陆地与海洋或湖泊的连接通道，同时把沉积物由陆地搬运至海洋和湖泊，在搬运过程中形成广泛的河流沉积。河流沉积以砂岩、粉砂岩和黏土岩为主，少量砾岩，极少出现碳酸盐岩。构造上多层理发育，以板状和大型槽状交错层理为主，最底部常有明显的冲刷痕。生物化石较少，一般保存不好。河流的中下游多分布曲流河，侧蚀和沉积作用使河床向凹岸迁移，凸岸沉积形成边滩。根据环境和沉积物特征，可以将曲流河沉积相分为河床亚相、堤岸亚相、河漫亚相和牛轭湖亚相（图6-53）。

地球表面过程

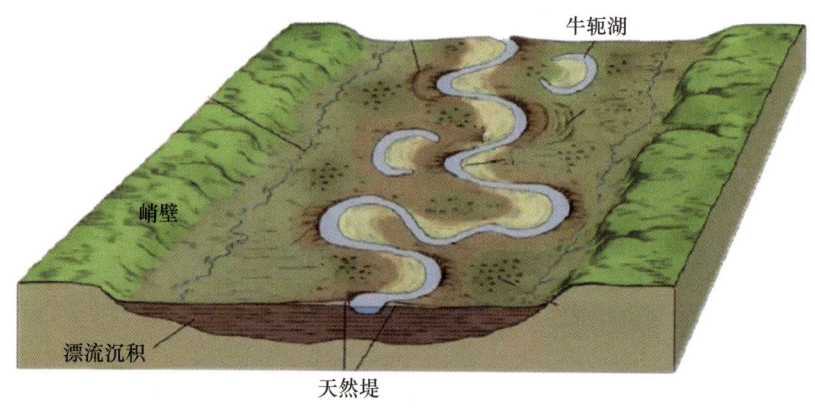

图 6-53　曲流河示意

河床是河谷中枯水期（平水期）被水流所覆盖的部分，沉积岩石以砂岩为主，其次为砾岩，粒度较粗，有层理发育，底部有明显的冲刷痕，缺少动植物化石；堤岸沉积多发育在河床沉积的上部，多由细砂岩和粉砂岩组成，粒度较细，多有交错层理出现；河漫沉积位于天然堤的外侧，主要以粉砂岩和黏土岩为主，粒度较细，层理主要为波状层理和水平层理；弯曲河段经裁弯取直作用使被裁截的部分废弃，形成牛轭湖。牛轭湖亚相主要为粉砂岩和黏土岩，粉砂岩中多具有交错层理，黏土岩中发育水平层理，沉积多呈透镜状。

河流沉积多具有二元结构特征，即下层为砂、砾石等河床早期沉积物，上部是洪水期粒度较细的河漫沉积物。河流沉积向上游方向，与暂时性水流沉积形成的冲积扇相连，在中下游可形成广阔的泛滥平原，向下游发展，可进入三角洲沉积环境。

河流相沉积砂体是油气储集的良好场所。古河流砂体平面上呈带状分布，垂向上以河床亚相中边滩或心滩砂岩储油物性最好，向上逐渐变差；横向上透镜体中部储油物性较好，向两侧变差。我国中生代－新生代以陆相沉积为主，勘探资料表明，有不少油气田与河流相砂体有关，如鄂尔多斯盆地的侏罗系延安统砂岩中的油气分布，严格受河道砂体控制。这类油气层渗透率高、砂层厚度大，可形成高产油气田。

（3）湖泊相

湖泊是大陆上地形相对低洼和水体汇集的地区，是大陆沉积物堆积的场所。湖泊的水动力作用主要表现为波浪和岸流，缺乏潮汐作用。湖泊环境淡水生物发育良好。湖相沉积岩石以黏土岩和细碎屑岩为主，砾岩少见（可分布在滨湖地区，多由湖浪剥蚀所致）。与河流相相比，湖相沉积矿物成熟度高。沉积构造以水平层理最发育，同时会出现波痕、泥裂、雨痕等构造。生物化石丰富，如介形虫、腹足类、藻类等。

湖相沉积多出现由深湖至滨湖的下细上粗的反旋回沉积层序，与河流相的下粗上细的正旋回有较大区别。

湖泊相碎屑岩具有良好的生油环境及油气储集场所。我国目前发现的油气田如大庆、胜利、中原等油田都分布在湖泊沉积环境。其中，深湖和半深湖环境水体较深，处于还原环境，利于石油的生成。湖泊碎屑沉积中发育的各种砂体是良好的油气储集场所，我国东部的油气田如大庆油田、胜利油田，其储集层多为三角洲砂体。湖泊沉积物具有重要的经济价值，除了富含油气资源外，还是油页岩、铁矿等的沉积场所。

6.7.1.4 海陆过渡环境及其沉积相

海陆过渡环境处于大陆向大洋的过渡地带，宽窄不一，从几千米到几十千米不等。其环境条件受到河流、潮汐、波浪的共同影响，大陆和海洋生物群混生,丰度较高,沉积物除河流携带的陆源碎屑沉积物外,还有水体咸化形成的化学沉积。根据其位置和沉积条件,海陆过渡相可分为三角洲相、潟湖相、潮坪相等。

（1）三角洲相

三角洲是河流与海洋或湖泊汇合处形成的锥形沉积体,是河流与潮汐和波浪共同作用的结果,是海陆过渡环境的重要组成部分。三角洲沉积环境从陆向海依次为三角洲平原环境、三角洲前缘环境和前三角洲环境。一个完整的三角洲沉积体系包括三角洲平原相、三角洲前缘相和前三角洲相。其中三角洲平原相指三角洲的陆地部分,主要由分流河道沉积和沼泽沉积组成,沉积颗粒物较细,可见少量海陆过渡相生物；三角洲前缘相指三角洲的水下部分,上接三角洲平原相,下接前三角洲相,主要由沙坝组成,多见交错层理和波状层理构造；前三角洲相位于浪基面以下,海底地貌为平缓的斜坡,沉积物多由黏土组成,有机质丰富,水平层理构造发育,多见海洋生物（图6-54）。三角洲沉积从陆向海,沉积粒度由粗变细；陆上生物化石减少,海相生物化石增多；底栖生物的扰动程度增加；多种类型的交错层理变为较单一的水平纹理；有机质含量增高,颜色变暗。

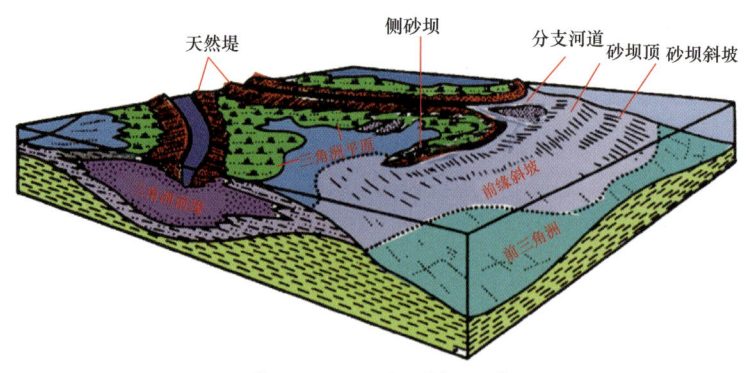

图6-54 三角洲相示意

在三角洲相中，前三角洲相是具有良好生油条件的相带。前三角洲以黏土岩沉积为主、厚度大、分布广，富含河流带来和原地堆积的有机物质，加之水体较静，堆积速度和埋藏速度快，有利于有机质的保存和向石油转化。

三角洲前缘亚相分布有河口砂坝、远砂坝和席状砂体，砂质纯净，分选好，具有良好的储油物性，加之地处三角洲前缘，与有利生油的前三角洲亚相紧密相邻，因此是储集条件有利的相带。

（2）潟湖相

潟湖沉积一般是砂岩、粉砂岩、页岩和泥岩以及泥炭层等彼此互层或交替叠置的多种沉积相组合体。一般具有水平层理。潟湖的伴生沉积相中最重要的是潮坪沉积，它们围绕在潟湖周边发育。

（3）潮坪相

潮坪发育在具有明显的周期性潮汐作用的平缓海岸区，分布在潟湖的周围、海湾、障壁岛或砂坝的后面。潮坪沉积平行于海岸线分带。

在高潮线以上的潮上带沉积的是以泥质为主的细粒沉积物，称为泥坪，泥坪上常见水平纹层或水平波状纹层，属低能环境。在低潮线附近及其以下沉积的是砂级沉积物，称为砂坪，在砂坪上常出现羽状或人字形交错层理，属较高的能量环境。泥坪和砂坪之间则为中等能量的潮间混合坪，主要为泥和粉砂沉积，混合坪上多为脉状、波状、透镜状层理。潮汐作用中能量最高的是潮汐通道和潮坪上的潮渠，主要由砂组成，常富含生物介壳、泥砾。潮汐通道内可见大型流水交错层理。

潮坪沉积的主要特征为：潮坪沉积以粉砂岩和泥岩为主，其次为极细砂和细砂岩，砾石少见。反映水流能量有脉动性特征，如脉状层理、波状复合层理、透镜状层理；代表双向流动的羽状层理；潮渠中可出现大型板状交错层理。时常暴露极浅水标志，如干裂、雨痕、流痕、生物足迹和爬痕等；少量蒸发岩类，生物以种属少、分异度低、海陆混生为特色。缺乏窄盐性的生物化石，叠层石可发育。

潟湖是良好的生油环境。潟湖中的生物种类虽然单调但数量多，水体安静，底部形成还原环境，有利于有机质的堆积和保存。海岸相的砂岩、粉砂岩一般具有矿物成熟度高、结构成熟度高的特点。因此，它们具有很高的原生孔隙度，可能成为油气的良好储集层。潟湖、潮坪广泛发育泥质岩类，可成为良好的盖层。由于海侵和海退的交替变化，使潟湖、潮坪、障壁海岸相在垂向上有规律的变化，有利于形成完整的生、储、盖组合。

6.7.1.5　海洋沉积环境及沉积相

海洋是沉积物堆积的重要场所，海洋环境在物理化学条件、水动力状况和地貌特征等方面都与大陆环境有着明显的不同。根据海底地形和海水深度，可将海洋沉积环境分为滨海环境、浅海环境、半深海环境和深海环境（图6-55），对应的沉积相划分如表6-3所示。

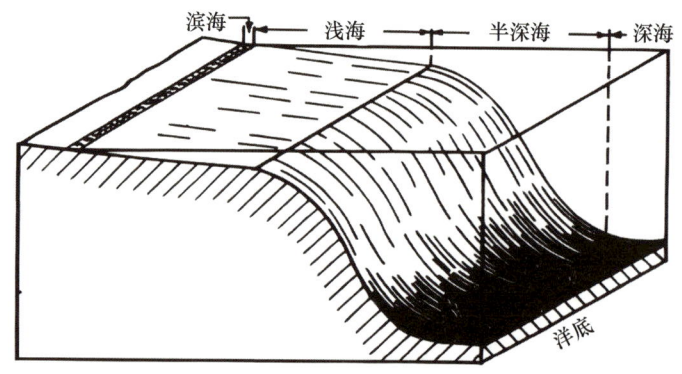

图6-55　海洋地貌及沉积环境示意

表 6-3　海洋沉积相划分表

沉积环境	沉积相	深度
滨海（滨岸）环境	滨海相	高潮线至低潮线之间（波基面以上）
浅海（陆棚）环境	浅海相	低潮线至200m
半深海（大陆坡）环境	半深海相	200～2000 m
深海（大洋盆地）环境	深海相	2000 m以下

海相组沉积岩石类型多样，如砾岩、砂岩、粉砂岩、黏土岩、碳酸盐等广泛分布，各类岩石厚度大、分布广、岩性稳定、成熟度高。海相组沉积发育的沉积构造类型多样，如层理、波痕、泥裂等，同时常发育有生物遗迹或遗迹化石。

滨海相又称为滨岸相或海岸相，位于波基面以上，水动力较强，阳光、氧气充足。滨海沉积以砂岩为主，多为石英砂岩，分选性和磨圆性较好。构造上以斜层理为主，常见波痕及生物活动痕迹。

浅海（陆棚）相位于波基面以下至水深 200 m 的地带，水动力随深度增加而减弱，底栖生物大量繁殖。沉积物以黏土、粉砂为主。沉积构造主要为水平层理、浪成交错层理和浪成波痕，同时可以见到生物扰动构造、虫孔、虫迹等。

半深海环境水动力包括洋流、浊流和等深流，由于其深度较深，缺少阳光、氧气，生物稀少，因此，沉积物以各种深海软泥为主，同时也有浮游生物、砂、浊流沉积、等深流沉积。

深海环境为静水沉积环境，属于还原条件，缺少阳光、氧气，生物稀少，水温在1℃左右。沉积物主要包括软泥、深海黏土，局部地区还有化学及生物化学沉积（锰、铁、磷等）。

地球表面过程

拓展阅读

海相沉积与湖相沉积的区别

海洋面积占地球总面积的70.8%，海洋的规模比湖泊大得多。海水盐度较湖泊高，平均水温较湖泊低，同时海水有潮汐、洋流作用而湖泊没有，诸多差异导致了海相沉积与湖相沉积有较大差别，主要体现在以下几个方面：

① 海相沉积规模比湖相沉积大。

② 海相沉积地层中碳酸盐比例较高，厚度大，分布广，且海相碳酸盐沉积岩中，生物化石较为丰富。而湖相沉积以碎屑岩为主，碳酸盐比例不到1%，仅可发育淡水化石。

③ 海相沉积碎屑岩成分以分选较好的石英砂岩为主，成分较为单一，而湖相沉积碎屑岩成分复杂，结构差异大。

④ 海相的浅海沉积是良好的生油岩，滨海沉积是良好的储层。而湖相的浅湖沉积几乎不能生油，深湖相地层才是良好的生油岩，滨湖沉积的储集性能也较海相差。

沉积相反映了沉积物的特征及形成环境，油气的生成和沉积相密切相关。因此，研究沉积相对了解油气的储集和勘探开发有着重要意义。相分析不仅可以用来研究地质历史中沉积物形成时期的自然地理环境，还可以用来进行大地构造分析，通过沉积相的变化，恢复地壳的隆升和沉降变迁，研究古构造的演化历史，是大地构造演化研究的主要手段之一。

6.7.2 沉积构造及其沉积环境

沉积构造是在沉积作用（占主要）或成岩作用（占次要）中由物理、化学、生物等因素作用在岩层表面或内部所形成的一种形迹特征，反映了沉积岩各个组成部分的空间分布和排列方式。沉积构造是沉积物和沉积岩中最常见而又最容易直接观察到的主要特征之一，研究沉积构造，有助于：① 确定地层的顶底和层序；② 确定沉积物搬运与沉积的方式、沉积介质的性质及流体的动力状态；③ 恢复沉积环境。

6.7.2.1 物理成因构造

（1）层理构造

层理是沉积岩最显著的特征，是岩石颜色、矿物成分、结构等在垂直于沉积物表面的方向上的变化所显示出的一种层状构造，反映了不同时期沉积作用的变化。

组成层理的要素有纹层（细层）、层系、层系组。沉积厚度仅有数毫米的沉积层称为纹层，纹层一般是层理的内部构造，是组成层理的最小单位。纹层之内没有肉眼可见的层，基本是在同一沉积事件中形成的。纹层可以与层面平行或斜交，可以是平直的、波状的或弯曲的，可以是连续的或断续的；纹层之间可以平行或不平行。

层系是由一组成分、结构、产状、厚度相同或近似的纹层组成的（图6-56）。层系是在同一环境的水动力条件下不同时间形成的。水平纹层组成的层系，因为缺乏划分标志，所以难以划分层系。倾斜纹层组成的层系易于识别，层

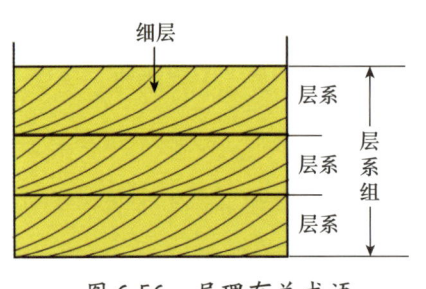

图 6-56 层理有关术语

系间有明显的界面分割。层系上下界面之间的垂直距离称为层系厚度，可以是数毫米到数十米厚。

层系组由两个或两个以上的相似层系组成，是在同一环境相似的水动力条件下形成的。例如，厚度不等的板状层系组成的层系组。

层是组成沉积地层的基本单位，是在基本稳定的环境下沉积形成的地层单元，由岩性基本一致的沉积物组成。层与层之间的分割层面代表了沉积作用的突然变化。层的厚度变化可由数毫米至数米。1个层可包括1个或若干个纹层、层系或层系组。

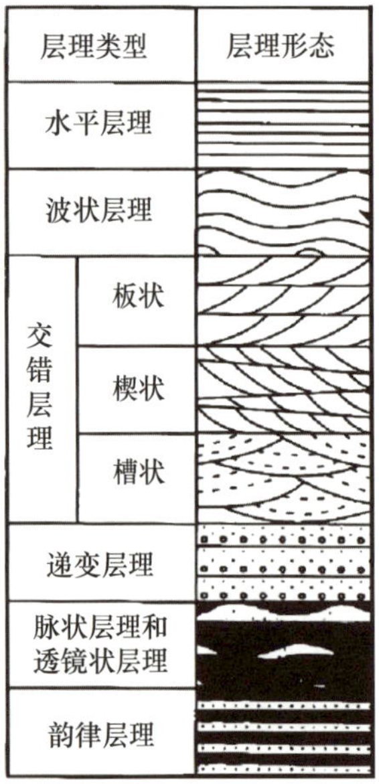

常见的层理构造如图 6-57 所示。

① 水平层理：

水平层理形成于比较弱的水动力条件下，由悬浮物质或溶解物质沉淀而成。多在细粒的粉砂和泥质沉积中出现，常见于海（湖）深水地带及潟湖、沼泽等浅水环境（图 6-58）。

② 波状层理：

波状层理的纹层呈对称或不对称的波状，总的方向平行于层面（图 6-59）。主要由波浪振荡运动造成，形成对称的波状层理；在悬浮物丰富的条件下，也可以由单向水流的前进运动造成，形成不对称的波状层理。波状层理在水介质稍浅的环境中常

图 6-57 层理的基本类型及有关术语

见，如海、湖的浅水地带或河漫滩等地区。

图 6-58 水平层理

图 6-59 波状层理

③ 交错层理：

交错层理通常也称为斜层理，是由一系列斜交于层系界面的纹层组成，这种层理多由沉积介质（流水、风等）的流动造成，纹层倾向表示介质流动方向（图 6-60），在海岸地区由于海水的反复运动，易于形成交错层理。

根据层系与上、下界面的形状和性质，可以将交错层理分为板状交错层理、楔状交错层理和槽状交错层理等。板状交错层理层系之间的界面为平面且彼此平行，单层呈板状，在河流沉积中最为典型；楔状交错层理层系之间的界面为平面，但不

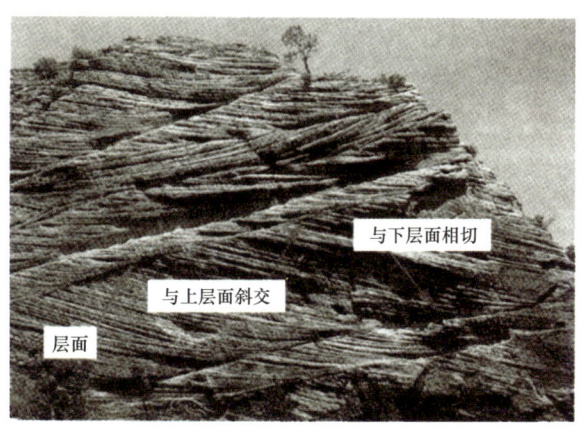

图 6-60 交错层理

互相平行,层系厚度变化明显呈楔形,常见于海、湖浅水地带及三角洲地区;槽状交错层理层系底面为槽型冲刷面,纹层在顶部被切割,纹层与下界面平行或相交,大型槽状交错层理系底界冲刷面明显,底部常有泥砾,多见于河流环境中。

交错层理中常具有"顶截底切"关系,可以借此判断岩层的顶面和底面。

④ 递变层理(粒序层理):

递变层理是在一个层内因粒度从底部到顶部逐渐变化所造成的。从层的底部至顶部,粒度由粗逐渐变细者称为正向递变层理(正粒序),若由细逐渐变粗则称为反向递变层理(逆粒序)(图6-61)。粒序层理底部常有一冲刷面,内部除了粒度渐变外,不具任何纹层。

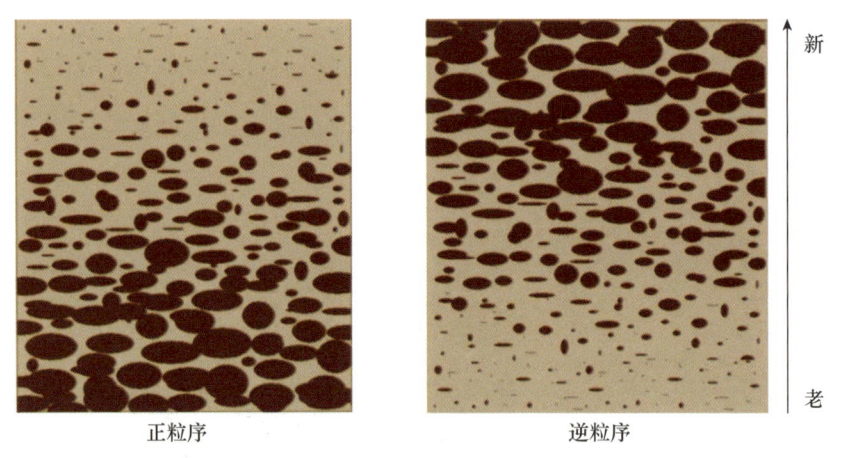

图 6-61 递变层理示意

正向递变层理又分两类:第一,粒序层的下部没有细粒物质,向上逐渐加积的物质比下部的细。这是由于水流速度与挟带能力降低的情况下沉积而成。第二,粗尾递变层理是粒级层粗、中、细颗粒混杂,向上粗粒沉积物减少,细粒沉积物增加,这是水流携带粗至细各种粒级沉积物沉积而成。第二种类型的粒序层理最普遍，尤其常见于浊流环境中。

反向递变层理，即粒度下细上粗，大多发育于海滩、潮坪、湖滩中。

⑤ 脉状层理和透镜状层理：

脉状层理和透镜状层理是一种复合层理，是在水动力条件强弱交替的情况下，由泥沙交互沉积而成。脉状层理在水动力较强的条件下形成，砂质沉积物的供应和保存比泥质沉积物更有利，从而使泥质沉积物呈脉状体分布在砂质沉积物中，俗称"砂包泥"。而透镜状层理与脉状层理相反，是在水动力条件较弱，泥质沉积物的供应和保存比砂质沉积物更有利的条件下形成的（图6-62），该层理的特点是砂质沉积物呈透镜体被包裹在泥质沉积物中，俗称"泥包砂"。

图 6-62　透镜状层理

⑥ 韵律层理：

韵律层理由成分、结构与颜色不同的薄层有规律地重复组成（图6-63）。季节性韵律层理从夏季到冬季是由粗变细，从冬季到夏季则是由细到粗。潮汐环境中潮汐流的周期变化形成潮汐韵律层理，涨潮和落潮的水流活动时期沉积砂层，憩流期沉积泥层。

图 6-63　冰湖相韵律层理

（2）层面构造

层面是沉积过程中形成的小间断面，代表了短暂的沉积间断或沉积作用的突然变化。层面构造是在岩层表面呈现出的各种不平坦的但却有一定规律的上凸或下凹的形体，有的保存在岩层顶面上，如波痕和泥裂等；有的保存在岩层底面上，特别是下伏层为泥岩的砂岩底面上成铸模保存下来，如重荷模等。

① 波痕：

由水流、波浪或风的作用，在沉积物表面形成的有规律波状起伏的痕迹。常见于岩层的顶面。多用波长（L）、波高（H）、迎流坡、背流坡、波痕指数（波长与波高之比）、不对称指数（缓坡与陡坡水平投影之比）等要素定量描述波痕（图 6-64）。

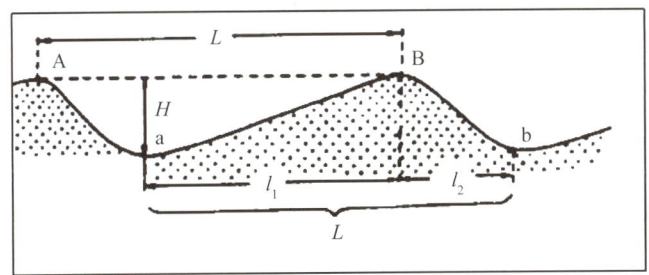

图 6-64 波痕要素示意

波痕按照成因可分为浪成波痕、流水波痕和风成波痕。浪成波痕一般由波浪作用于沉积物表面而成，波峰尖锐，波谷圆滑。流水波痕由定向流动的水流形成，波峰、波谷较圆滑，呈不对称状，陡坡倾斜方向指示水流方向。风成波痕由定向风形成，常见于沙漠及海、湖岸沙丘沉积中，波峰、波谷都较圆滑，呈不对称状，不对称指数比流水波痕要大，陡坡倾向指示风向。风成波痕一般谷部颗粒较细、脊部颗粒较粗，与流水波痕相反。当介质做定向运动时多形成不对称波痕，流水波痕和风成波痕属于不对称波痕（图 6-65，图 6-66），从缓坡到陡坡的方向指示介质运动分方向。来回运动的波浪也可形成对称波痕（图 6-67），其两坡坡脚相等，浪成波痕有对称波痕和不对称波痕。

图 6-65 不对称波痕显示水自右向左流动

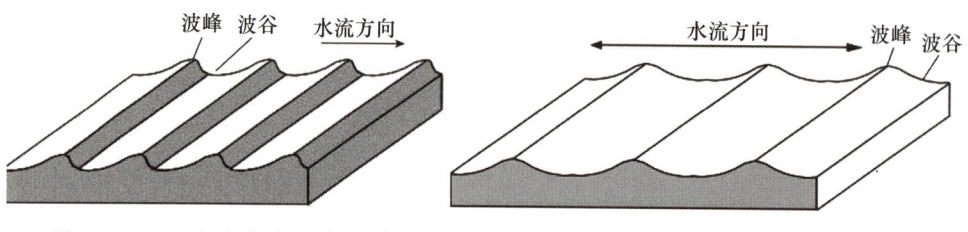

图 6-66 不对称波痕形成示意   图 6-67 对称波痕形成示意

根据波痕的形态还可以确定岩层的顶面和底面,即波峰指向岩层的顶面,波谷指向岩层底面。波痕中常有印模出现,即在上层沉积岩层中印有波纹的痕迹,一般情况下,波谷多呈圆滑的形态、波峰呈尖棱状,可依此判断是否为波痕的印模(图 6-68)。

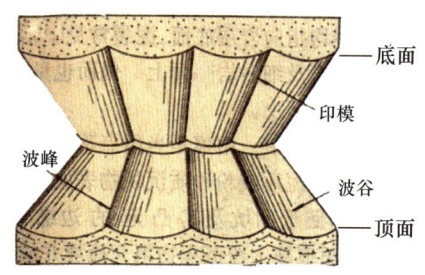

图 6-68 波痕构造

② 泥裂:

泥裂是滨海、滨湖或滨河地带泥质沉积物暴露水面后失水变干收缩而成的。在平面上,泥裂的典型发育形式为网格状龟裂纹,把岩石切割成多角形(图 6-69)。裂缝在表层张开大,向下呈楔形尖灭,利用此特点可以确定岩层的顶面和底面(图 6-70)。

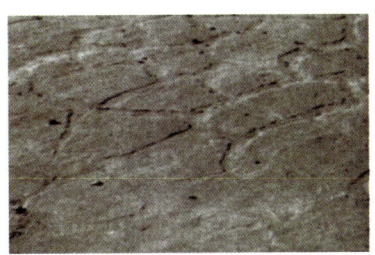
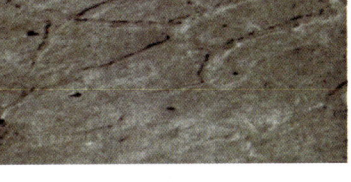

图 6-69　岩石中的泥裂现象　　　　图 6-70　泥裂示意

③ 重荷模（负载构造）：

上覆密度较大的沉积物（如粗砂）不均匀地压入下伏密度较小的沉积物（如泥）内，结果在上覆（砂质）岩层底面产生朝下的圆弧突起，为同积变形构造之一。重荷模可以指示沉积方向，即突起部指向底层，凹陷部指向顶层（图 6-71）。

图 6-71　重荷模构造

6.7.2.2 化学成因构造

化学成因构造指在成岩作用过程中及其以后由化学溶解、沉淀作用或结晶作用形成的构造。常见的有结核、缝合线等。

（1）结核

结核是岩石中自生矿物的集合体。这种矿物集合体表现为在成分、结构、颜色等方面与围岩有显著差别的不规则团块。按自生矿物成分，结核可分为钙质、硅质、铁质、锰质和磷质等。石灰岩中常见燧石结核（图6-72），主要是SiO_2在沉积物中聚积形成的；含煤沉积物中常见黄铁矿结核，是沉积物中的FeS_2自行聚积形成的；洋底的锰结核也是沉积期形成的。

图 6-72　燧石结核

（2）缝合线

缝合线指岩石剖面中呈锯齿状起伏的曲线（图6-73）。沿缝合线岩层易劈开，参差起伏的劈开面，称为缝合面；突起的柱体，称为缝合柱。缝合线形态多种多样。缝合线的起伏幅度一般是数毫米到数十厘米。缝合线是在成岩作用期形成的，在上覆岩层的压力下，物质发生压溶作用，方解石和白云石被酸性溶液、石英被碱性溶液沿层面两侧溶解并带走，伴随一些成分沿垂直压力方向的不均匀带进，形成锯齿状起伏的缝合线。溶解的残余物如黏土矿物常分布于缝合面上。多数情况下其展布方向与层面平行，可借此判断层面。缝合线主要见于石灰岩及白云岩中，也可出现在砂岩中。

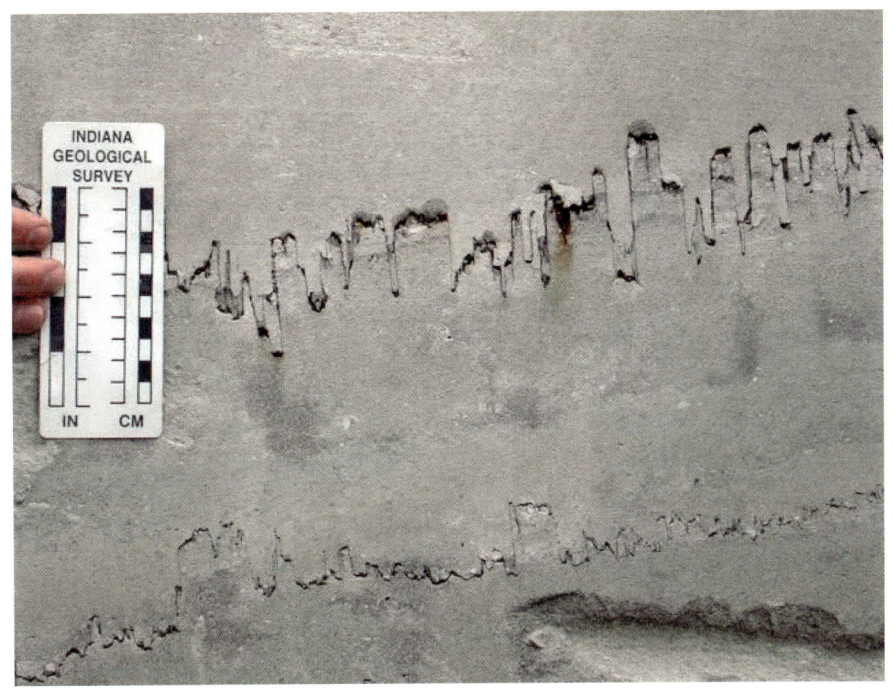

图6-73　缝合线

6.7.2.3 生物成因构造

生物的生命活动在沉积物中形成的沉积构造称为生物成因构造，包括生物活动遗迹和生物生长构造，如生物礁体、叠层构造、虫迹等。沉积过程中，若有各种生物遗体或遗迹（如动物的骨骼、甲壳、蛋卵、足迹及植物的根、茎、叶等）埋藏于沉积物中，后经石化保存于岩石中，则成为化石（图 6-74）。

图 6-74　万州区铁峰乡发现的虫迹化石

6.7.3　成岩作用

由各种松散堆积物变成固结的岩石的作用称为成岩作用。固结的时间愈长，岩石愈坚硬。沉积物性质也会影响固结变硬的难易程度，如黏土虽经历千万年时间，但仍呈现塑性状态。成岩作用主要有以下几个途径：压实、胶结和重结晶（图 6-75）。压实过程通过上覆压力使沉积物的孔隙减少，水分排出，体积变小，沉积物变硬。一般情况下，压实后松散沉积物体积可减少 50% 以上。压实作用在泥质沉积物中更为明显。

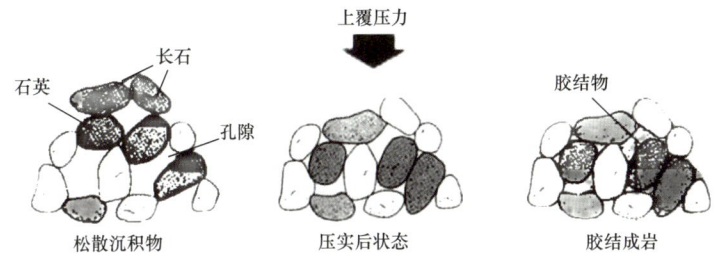

图 6-75　碎屑物胶结成岩的过程示意

胶结作用是胶结物充填于沉积物颗粒的孔隙之中，使沉积物颗粒联结在一起，并形成坚硬的岩石的过程。常见的胶结物有硅质胶结（SiO_2）、钙质胶结（$CaCO_3$）和铁质胶结（氧化铁）等。非晶质或结晶不充分的沉积物因环境改变，发生重结晶，重结晶作用能使矿物紧密嵌合。